# 湘菜

# 1688例

策划·编写 犀文图书

U0333796

江苏科学技术出版社

# P 前 言
## reface

湘菜，即湖南菜，是我国历史悠久的一种地方风味菜系，也是八大菜系之一。湖南位于中南地区，长江中游南岸，自然条件优厚，利于农、牧、副、渔的发展，故物产特别丰富，为饮食提供了精美的原料。

湘菜自成体系以来，就以其深厚的文化内涵和浓郁的地方特色声播四海，具有制作精细、用料广泛、品种繁多、油重色浓、主味突出等特色。湘菜既注重内涵的精当，又讲究外形的美观，使色、香、味、形、器得到和谐的统一，其酸辣、麻辣、清香、浓鲜，具有浓厚的湖南乡土风味。

湘菜在烹调技法上以炒、煨、腊、蒸、炖、熘见长，就地域而论，有长衡流派、洞庭湖流派、湘西流派，三派共同构成湘菜菜系；就时代而言，有古代湘菜、现代湘菜；就创食者而论，有宫廷湘菜、名人湘菜、民间湘菜；就菜肴原料而言，有荤菜、素菜、家菜、野土菜、药膳等。

湘菜品种较多，代表名菜有洞庭金龟、湘西土匪鸭、麻仁香酥鸭、东安子鸡、五元神仙鸡、冰糖湘莲、炒血鸭、腊味合蒸、毛氏红烧肉、走油豆豉扣肉、湘西酸肉、姊妹团子、臭豆腐等。

湘菜以辣闻名，但也兼容并包。湘菜大师们一直积极吸收其他菜系的优点和烹饪技巧，使得湘菜进一步成为全民家常菜。

# C目 录
# Contents

## 畜肉类

## 豆制品类　　DOUZHIPINLEI

## 汤类

畜肉类

# 畜肉类食品注意事项

## 畜肉类食品的营养价值

### 1.蛋白质

畜肉类食品蛋白质含量占10%～20%，按照蛋白质在肌肉组织中存在的部位不同，又分为肌浆中的蛋白质（占20%～30%）、肌原纤维中的蛋白质（占40%～60%）、间质蛋白（占10%～20%）。

畜肉蛋白必需氨基酸充足，在种类和比例上接近人体需要，利于消化吸收，是优质蛋白质。间质蛋白必需氨基酸构成不平衡，主要是胶原蛋白和弹性蛋白，其中色氨酸、酪氨酸、蛋氨酸含量少，蛋白质利用率低。

畜肉中含有能溶于水的含氮浸出物，能使肉汤具有鲜味。

### 2.脂肪

一般畜肉的脂肪含量为10%～36%，肥肉高达90%，其在动物体内的分布随肥瘦程度、部位有很大差异。

畜肉类食品脂肪以饱和脂肪为主，主要成分为甘油三酯，含少量卵磷脂、胆固醇和游离脂肪酸。胆固醇在肥肉中比例为1.09mg/g，在瘦肉中约为0.81mg/g，在内脏中约为200mg/g，在脑中约为25.71mg/g。

### 3.碳水化物

碳水化物主要以糖原形式存在于肝脏和肌肉中。

### 4.矿物质

矿物质含量为0.8～1.2mg/g，其中钙含量7.9mg/g，含铁、磷较高，铁以血红素形式存在，不受食物其他因素影响，生物利用率高，是膳食铁的良好来源。

### 5.维生素

畜肉中B族维生素含量丰富，内脏中富含维生素A、核黄素。

## 畜肉选购知识

### 1.猪肉

健康猪肉放血良好，肉呈鲜红色或淡红色，切面有光泽而无血液，肉质嫩软。死猪肉放血不良，肉呈不同程度的黑红色，切面有黑血渗出，脂肪呈红色，肉皮往往呈青紫色或蓝紫色。另外，猪肉注水后表面发亮，多呈淡灰红色，肿胀湿润，用手触摸瘦肉没有黏性。

### 2.牛肉

牛肉主要分黄牛肉、水牛肉，以黄牛肉为佳。黄牛肉一般呈棕红色或暗红色，脂肪为黄色，肌肉纤维较粗，肌肉间无脂肪夹杂。水牛肉肉色比黄牛肉暗，肌肉纤维粗而松弛，有紫色光泽，脂肪呈黄色，干燥而少黏性，肉不易煮烂，肉质差。

新鲜牛肉肉质较为坚实，并呈大理石纹状；肌肉呈棕红色，脂肪多为淡黄色，也有深黄色，筋为白色。选购时，应挑选表面有光泽、肉质略紧且有弹性、气味正常的新鲜牛肉；若牛肉为深紫色并发暗，表面黏手或发霉，有异味，则表明牛肉不新鲜；如牛肉呈现紫红色，则是老牛的肉。

牛肉注水后，肉纤维更显粗糙，暴露纤维明显。因为注水，牛肉有鲜嫩感，但仔细观察肉面，常有水分渗出；用手摸肉，不黏手，湿感重；贴干纸巾在牛肉表面，纸很快即被湿透。正常牛肉手摸不黏手，纸贴不透湿。

### 3.羊肉

羊肉一般呈暗红色，脂肪为白色，肌肉纤维细软，膻味较重。绵羊肉肉质坚实，颜色暗红，肉纤维细而软，肌肉较少夹杂脂肪。山羊肉的色泽较绵羊肉浅，呈较淡的暗红色，皮下脂肪稀少，但在腹部却积贮较多的脂肪。山羊肉有特别的膻味，肉质不如绵羊肉。

# 毛氏红烧肉

**主料：**带皮猪五花肉850克，四季青500克。

**辅料：**料酒、腐乳、盐、味精、酱油、大料、桂皮、干椒、蒜、食用油、鸡油各适量。

**制作方法**

1. 五花肉烙皮洗刮干净，入沸水内煮至断生，切成均匀的方块。
2. 锅内放少许油，放入肉、料酒、盐、味精、酱油、大料、桂皮、干椒、蒜、腐乳，干烧后加鸡汤煨至肉烂浓香。
3. 四季青用鸡油炒熟放底，将红烧肉整齐摆放正中，将少许汁浇在肉上即可。

【营养功效】猪肉含有丰富的优质蛋白质和脂肪酸，并提供血红素（有机铁）和促进铁吸收的半胱氨酸，能改善缺铁性贫血。

**小贴士**　四季青的根、叶均可入药，主要功效是清热解毒、生肌敛疮、活血止血。

# 盐水牛肉

**主料：**牛腱子肉500克。

**辅料：**香菜100克，盐、糖、葱、姜、花椒、料酒、香油各适量。

**制作方法**

1. 牛腱子肉用盐、糖、花椒揉搓腌上（冬季一星期，夏季3天，期间翻动2次），取出后洗净；香菜洗干净。
2. 锅内放牛腱子肉以及拍破的葱、姜、料酒和适量的水（以没过肉为准），煮到七成烂为止，捞出晾凉，刷上香油。
3. 食用时，切薄片摆盘，淋香油，撒香菜。

【营养功效】香菜内含维生素C、胡萝卜素、维生素B$_1$、维生素B$_2$等，同时还含有丰富的矿物质，如钙、铁、磷、镁等，有健胃消食、发汗透疹、利尿通便、驱风解毒等功效。

**小贴士**　服用补药和中药白术、丹皮时，不宜食用香菜，以免降低药效。

# 茶树菇蒸牛肉

**主料：**牛肉600克，茶树菇（干）30克。

**辅料：**盐、料酒、姜末、蒜蓉、胡椒粉、蚝油、水淀粉各适量。

**制作方法**

1. 牛肉切薄片，加料酒、姜末、胡椒粉、蚝油、水淀粉等腌10分钟。
2. 茶树菇去蒂泡洗干净，放入盘中，撒上少许盐。
3. 把腌好的牛肉放在茶树菇上，上面铺一层蒜蓉，入笼蒸15分钟即可。

【营养功效】牛肉含有丰富的蛋白质，氨基酸组成比猪肉更接近人体需要，能提高机体抗病能力，特别适宜生长发育及手术后、病后调养的人。

**小贴士**　蒸制时要用大火，时间不宜过长，蒸出来的牛肉才细嫩爽滑。

主料：腊肉、腊鸡、腊鱼各200克。

辅料：仔芋150克，肉清汤、味精、食用油、糖各适量。

**制作方法**

1. 将腊肉、腊鸡、腊鱼用温水洗净，盛入钵内上笼蒸熟取出；腊鸡去骨后切成条，腊肉去皮后切片，腊鱼去鳞后切成条；仔芋切成片。
2. 取蒸碗一只，底下整齐地排好仔芋片，将腊肉、腊鸡、腊鱼分别皮朝下整齐地放在仔芋片上，再放入食用油、糖和调好味的肉清汤上笼蒸烂，取出翻扣在大瓷盘中即可。

【营养功效】腊肉中磷、钾、钠的含量丰富，还含有脂肪、蛋白质、碳水化合物等元素；鲤鱼体内含钙、磷营养素较多。

**小贴士**

腊肉也是一种"双重营养失衡"的食物，对健康也可能产生不利影响。

腊味合蒸

主料：猪耳朵400克。

辅料：香葱、花椒、干辣椒、香油、盐、味精各适量。

**制作方法**

1. 先将猪耳朵刮洗干净，抹上盐，腌3小时，再放入锅中，大火煮至六七成熟，捞出晾凉。
2. 把猪耳朵切成丝，加入盐和味精，用手拌成蓬松状，放入盘内；香葱洗净切丝；干辣椒切碎。
3. 锅内放香油，烧至七成热，放花椒和辣椒末，用小火炸3分钟，再转用中火，待花椒炸出香味时，捞出花椒、辣椒末，把香油淋在猪耳丝上，撒上葱丝即可。

【营养功效】猪耳朵含有蛋白质、碳水化合物、视黄醇、硫胺素、核黄素、尼克酸、维生素E、多种矿物质元素，有清热泻火、利湿等功效。

**小贴士**

如果将猪耳中的脆骨取出，单独凉拌，口感更佳。

麻辣耳丝

主料：去皮五花肉400克。

辅料：辣椒15克，盐、味精、酱油、食用油各适量。

**制作方法**

1. 五花肉洗净切成小薄片，用酱油腌好；新鲜的辣椒洗净切成小片。
2. 锅内放少许食用油烧热，放入腌好的五花肉，炒熟后均匀置于盘内。
3. 重新起锅，将辣椒干炒至表面起焦皮时，再放入食用油，用猛火炒，然后再倒入刚刚炒熟的五花肉，加盐、味精，拌入少许香油，搅匀即可。

【营养功效】辣椒含有一种特殊物质，能加速新陈代谢，促进荷尔蒙分泌，富含维生素C，有解热、镇痛、增加食欲、帮助消化等功效。

**小贴士**

此菜关键是要让辣椒、油以及五花肉的味道互相渗透，所以最后一道工序最为重要。

辣椒炒五花肉

# 干豆角蒸腊肉

主料：腊肉100克，干豆角80克。

辅料：食用油、盐、辣椒粉、香油各适量。

**制作方法**

1. 干豆角用温水泡发、洗净，切段；腊肉放入沸水锅中煮至回软后捞出、洗净，切片，摆入碗底。
2. 锅内入食用油烧热，下入干豆角炒香，调入盐、辣椒粉炒匀，起锅置于腊肉碗中，再注入少许清水，淋入香油。
3. 将备好的材料放入锅中蒸约30分钟后取出，倒扣于盘中即可。

【营养功效】豆角含丰富的B族维生素、维生素C和植物蛋白质，能使人头脑宁静，调理消化系统。

**小贴士**

腹胀者不宜食用。未熟透的豆角不宜食用。

# 湖南小炒肉

主料：五花肉350克。

辅料：食用油、盐、味精、豆豉酱、老抽、青椒、红辣椒各适量。

**制作方法**

1. 五花肉洗净，切成薄片；青椒、红辣椒均洗净，对切开。
2. 锅中入食用油烧热，下入五花肉炒至出油后，调入老抽炒至上色。
3. 再下青椒、红辣椒同炒至熟，调入盐、豆豉酱翻炒均匀，以味精调味，起锅盛入盘中即可。

【营养功效】此菜能开胃健脾、促进消化，并能改善缺铁性贫血。

**小贴士**

湿热偏重、痰湿偏盛、舌苔厚腻之人，忌食猪肉。

# 扒五花肉

主料：带皮五花肉500克，酸菜150克。

辅料：盐、葱段、姜片、酱油、白醋、豆瓣酱、甜面酱、料酒、味精、淀粉、食用油各适量。

**制作方法**

1. 将五花肉放入沸水中煮至八分熟，捞出晾凉，在肉皮上抹匀酱油、甜面酱、料酒，腌制上色。
2. 起锅，加食用油烧至七成热，将五花肉皮朝下炸至金红色，捞出晾凉切片，装入盘中待用。
3. 锅中留底油，放入葱段、姜片、豆瓣酱、酸菜、料酒、盐、味精、白醋、酱油炒匀，倒入肉盘中，再入蒸锅蒸30分钟，取出扣入盘中，原汁勾芡，浇在肉上即可。

【营养功效】食用油含有丰富的亚油酸等不饱和脂肪酸。

**小贴士**

猪肉要斜切，可使其不破碎，吃起来又不塞牙；猪肉不宜长时间泡水。

主料：牛肉（瘦）5000克。

辅料：盐150克，糖70克，五香粉10克。

**制作方法**

1.切条：选用牛后腿肉，先割除油脂及肌肉间的白筋，再按肉纹切成长45厘米、厚1厘米的肉条。
2.腌制：将配料拌匀，用手充分擦于肉条上，然后放入缸内，腌浸18小时（腌8小时后翻动1次），即可出缸。
3.烘烤：出缸后，将腌牛肉条一端穿上麻绳，送入烘柜内烘烤17小时，即为长沙腊牛肉。

【营养功效】牛肉有补中益气、滋养脾胃、强健筋骨等功效，适宜中气下隐、气短体虚、筋骨酸软、贫血久病及面黄目眩之人食用。

**小贴士**

应少食牛脂肪，否则会增加体内胆固醇和脂肪的积累量。

长沙腊牛肉

主料：猪肝1500克，猪肥膘肉250克。

辅料：盐50克，酱油50毫升，料酒15毫升，五香粉适量。

**制作方法**

1.将猪肝去筋，保持肝叶完整，加盐、料酒、酱油、五香粉拌匀腌制两天（中途翻动1次），然后取出挂通风处晾干。
2.把猪肥膘肉切粗条，用尖刀顺肝叶割一条深1.3厘米的刀口，将猪肥膘条塞入刀口里，挂通风处晾约10天。
3.食用前取肝叶洗净，入笼蒸约20分钟至熟，取出晾凉，横肝叶切薄片盛盘即可。

【营养功效】猪肝含有维生素C、硒等多种抗癌物质，具有较强的抑癌能力和抗疲劳作用。

**小贴士**

炒猪肝不要一味求嫩，否则，既不能有效去毒，又不能杀死猪肝中的病菌、寄生虫卵。

凤眼猪肝

主料：猪瘦肉350克。

辅料：食用油、盐、料酒、辣椒油、淀粉、香油、葱、剁红辣椒各适量。

**制作方法**

1.猪瘦肉洗净，切丝，加盐、料酒、水淀粉腌制；葱洗净，切段。
2.锅内入食用油烧热，入肉丝稍炒后，加入剁红辣椒同炒片刻，再入葱段、调入辣椒油翻炒均匀，淋入香油，起锅盛入盘中即可。

【营养功效】此菜具有润肠胃、生津液、丰肌体、泽皮肤等功效。

**小贴士**

猪肉的肉质比较细、筋少，如横切，炒熟后变得凌乱散碎；如斜切，即可使其不破碎，吃起来又不塞牙。

剁椒肉丝

# 腊牛肉

主料：腊牛肉250克。

辅料：冬笋50克，鲜红辣椒100克，青蒜50克，盐、香油、酱油、食用油各适量。

### 制作方法

1. 将腊牛肉洗净，切成段，盛入瓦钵内，上笼蒸1小时后取出，横着肉纹切薄片；冬笋切成与腊牛肉大小的片。
2. 鲜红辣椒洗净，去蒂去籽，切成小片；青蒜切成段。
3. 锅内放食用油大火烧至六成热，放冬笋片煸出香味，加红辣椒炒几下，加盐、酱油再炒几下，然后扒至锅边，放入腊牛肉急炒30秒钟，再下青蒜、冬笋片、辣椒一并炒匀，盛入盘中，淋香油即可。

【营养功效】牛肉含有大量的蛋白质、脂肪、维生素$B_1$、维生素$B_2$、钙、磷、铁等成分，有补脾益气、养血强筋等功效。

### 小贴士

牛肉的纤维组织较粗，结缔组织又较多，应横切，将长纤维切断，不能顺着纤维组织切，否则不仅没法入味，还嚼不烂。

# 红烧猪脚

主料：猪脚1只。

辅料：食用油、大料、姜片、葱段、盐、鸡精、料酒、五香粉、酱油、冰糖各适量。

### 制作方法

1. 用姜片、葱段一半量煮沸水，焯猪脚1分钟，在水沸的时候放料酒继续煮1分钟，捞出后过冷水冲洗干净。
2. 锅内放食用油，加冰糖，小火融化，等全部融化并冒泡时，放入猪脚翻炒2分钟。
3. 放入姜片、葱段、大料继续翻炒2分钟，加酱油，翻炒均匀，注入开水，大火煮沸，转小火炖至猪脚软烂，放盐、五香粉、鸡精，炖20分钟入味，收汁出锅即可。

【营养功效】猪脚含蛋白质、脂肪、胆固醇、动物胶质、钙、磷、铁及维生素A、B族维生素、维生素D、维生素E、维生素K等，有补血、滋阴、通乳、益气、脱疮、去寒热等功效。

### 小贴士

食用猪脚前要检查所购猪脚是否有局部溃烂现象，以防口蹄疫。

# 平锅羊肉

**主料：** 羊腿2000克。

**辅料：** 大葱200克，洋葱100克，尖红辣椒50克，料酒、鲜汤、豆豉、蒜、姜、香葱、干辣椒、辣椒酱、大料、桂皮、红油、食用油、盐、味精、蚝油、酱油各适量。

**【制作方法】**

1. 羊腿去主骨，洗去血水，放入汤锅，加入清水、洋葱、干辣椒、姜、香葱、料酒、大料、桂皮、盐、味精，大火煮沸，撇去浮沫，用小火煮至八成烂，捞出切条。
2. 尖红辣椒去蒂切圈，蒜去蒂，大葱切斜片，干辣椒切段。
3. 锅内放食用油，烧至六成热，下羊肉略炸，倒入漏勺。
4. 锅内留底油，下蒜、尖椒圈、干椒段、豆豉略炒，加入羊肉，烹入料酒炒香，加味精、酱油、辣椒酱、蚝油炒匀，倒入鲜汤稍焖，淋红油，出锅装入大葱打底的平锅内，带火炉上桌即可。

**【营养功效】** 羊肉高蛋白、低脂肪、含磷脂多、胆固醇含量少，有促进血液循环、增强御寒能力等功效。

**小贴士**
　　羊肉特别是山羊肉膻味较大，烹饪时可放个山楂或加一些萝卜、绿豆。

# 糖醋排骨

**主料：** 排骨500克。

**辅料：** 葱末、姜末、酱油、食用油、糖、醋、料酒、盐各适量。

**【制作方法】**

1. 将排骨洗净，剁成3厘米长段，用开水余一下，捞出放盆内，加入盐、酱油腌入味。
2. 炒锅放食用油烧至六成热，下排骨炸至淡黄色捞出；油温加热至八成，再下锅炸至金黄色捞出。
3. 炒锅留少许油烧热，下入葱末、姜末爆香，加入适量清水、酱油、醋、糖、料酒，倒入排骨，煮沸后用小火煨至汤汁浓、排骨熟，淋上熟油，出锅即可。

**【营养功效】** 排骨含有丰富的骨粘蛋白、骨胶原、磷酸钙、维生素、脂肪、蛋白质等营养物质，有润肺生津、滋阴、调味、除口臭、解盐卤毒等功效。

**小贴士**
　　此菜用熟猪油味道会更鲜，但肥胖症者忌食此菜。

# 走油豆豉扣肉

**主料：** 猪肋条肉750克。

**辅料：** 酱油25克，豆豉50克，盐、食用油、料酒各适量。

## 制作方法

1.将猪肋条肉放在冷水中刮洗干净，放入锅内加清水，煮至八成熟捞出，用净布擦干肉皮上的水，趁热将料酒抹在肉皮上面。

2.锅内放食用油烧至八成热，将猪肉皮朝下入锅走油，待肉皮炸呈红色时起锅，放入汤锅里稍煮一下，见肉皮起皱纹即捞出。

3.猪肉皮朝下放在砧板上，先切成均匀的大片，再横中切一刀，但不切断。

4.将猪肉皮朝下整齐排列在钵中，剩余的边角肉成梯形排列在钵的边缘，然后均匀地放入盐、酱油、豆豉，上笼蒸至软烂，取出翻扣在盘中即可。

【营养功效】五花肉富含热量、蛋白质，可以为身体提供热量和氨基酸。

## 小贴士

肉可以入托盘置于笼屉中，隔水蒸约15分钟，大体以蒸至断生为度。

# 烟笋焖五花肉

**主料：** 烟笋500克，五花肉25克。

**辅料：** 食用油、高汤、葱末、盐、味精、胡椒粉、香油各适量。

## 制作方法

1.水煮沸后放入烟笋，离火浸泡至水冷却，再重新放入煮沸的水中泡至冷却，如此反复两三次，约浸泡一两天的时间，至能咬动即可；将发好的烟笋切成丝；五花肉切成同形状的丝。

2.炒锅放食用油烧至六成热，下入五花肉丝炒香，放盐、味精调味，放入烟笋丝、高汤小火煨1个小时。

3.烟笋丝、肉丝盛入沙钵，淋香油、放胡椒粉和葱末小火上桌即可。

【营养功效】烟笋含有蛋白质、脂肪、纤维、磷、可溶性糖、铁等，有促进排泄、降低血脂和胆固醇等功效。

## 小贴士

烟笋制法：将鲜笋压干水分（土法是用石头），再用烟熏制而成，为湖南地方特产。

# 湘 西 酸 肉

**主料：** 猪肥肉750克。

**辅料：** 清汤200毫升，青蒜25克，干红辣椒、食用油、盐、花椒粉、玉米粉各适量。

**制作方法**

1.猪肥肉刮洗干净，滤去水，切成均匀的大块，每块重约50克，然后用盐、花椒粉腌5小时，再加适量的玉米粉拌匀，盛入密封的坛内，腌15天即可成酸肉。

2.将黏附在酸肉上的玉米粉扒放在瓷盘里，酸肉切成片；干红辣椒切细末；青蒜切成3厘米长的小段。

3.锅内放食用油，大火烧至六成热，放酸肉、干红辣椒末煸炒2分钟，当酸肉渗出油时，扒在锅边，下玉米粉炒成黄色，再与酸肉合并，加肉清汤200毫升，焖2分钟，待汤汁稍干，放入青蒜炒几下，装入盘中即可。

【营养功效】肥肉的主要成分是脂肪，含有人体需要的卵磷脂和胆固醇，有润肠胃、生津液等功效。

**小贴士**

高血压、冠心病等疾病患者忌食。

# 原煨整猴头菇

**主料：** 猴头菇200克，鸡肉、猪肘肉、小白菜各500克。

**辅料：** 料酒、盐、味精、胡椒粉、淀粉、鸡油、葱、姜、食用油各适量。

**制作方法**

1.猴头菇用温水泡发胀透捞出，去泥沙，洗净；葱和姜拍破。

2.鸡肉和猪肘肉砍成块，放沸水锅内煮过捞出，洗净，放在垫底篾沙钵内，加葱、姜、猴头菇、料酒、盐、水，大火上煮沸，撇去泡沫，换小火焖至柔软浓香，取出猴头菇稍凉，直刀剞十字交叉花刀，保持猴头形，扣入碗内，放原汁。

3.食用前，将猴头菇上笼蒸熟取出，滗出原汁，翻扣盘内。

4.锅内放食用油烧至六成热，放白菜，加盐煸炒，拼在猴头菇周围，将原汤倒入锅内收浓汁，加入味精、胡椒粉，用水淀粉调稀勾芡，浇盖在猴头菇上，淋鸡油即可。

【营养功效】猴头菇是一种高蛋白、低脂肪、富含矿物质和维生素的优良食品，有健胃、补虚、抗癌、益肾精等功效。

**小贴士**

猴头菇要软烂如豆腐时营养成分才能完全析出。

# 蒜苗油渣

**主料**：油渣300克。

**辅料**：食用油、盐、胡椒粉、生抽、香油、青椒、红辣椒、蒜苗、豆豉各适量。

## 制作方法

1.青椒、红辣椒均洗净，切片；蒜苗洗净，切小段；豆豉洗净。

2.锅置火上，入食用油烧热，入豆豉炒出香味，加入油渣、青椒、红辣椒炒匀，调入盐、胡椒粉、生抽，再入蒜苗同炒片刻，淋香油，起锅盛入盘中即可。

【营养功效】此菜脂肪含量较大，对部分人具有开胃的作用，但不宜多食。

## 小贴士

油渣中含有大量的动物脂肪，长期食用可能引发胆固醇增高、高血压等肥胖病。如果油渣太焦，也最好不要食用。

# 农家小炒肉

**主料**：五花肉350克。

**辅料**：青椒、葱、蒜末、姜末、生抽、淀粉、鸡粉、食用油、白胡椒粉、香醋、黑豆豉酱、香油各适量。

## 制作方法

1.五花肉切薄片，加生抽、淀粉、鸡粉、食用油和白胡椒粉抓匀，腌15分钟。

2.青椒去蒂和籽，斜切成条状，加入香醋抓匀腌5分钟，用清水冲洗一下，沥干水待用。

3.锅内放食用油烧热，爆香姜蒜末，放入五花肉大火翻炒，直至煸出油，盛起待用。

4.锅中续添适量食用油，爆香葱花，放入青椒块翻炒30秒，加生抽、黑豆豉酱炒匀入味，倒入五花肉，炒2分钟，淋入香油，即可出锅。

【营养功效】猪肉含有丰富的蛋白质及脂肪、碳水化合物、钙、磷、铁等成分，具有补虚强身等作用。

## 小贴士

生猪肉用温淘米水洗两遍，再用清水冲洗一下，脏东西就容易除去了。

主料：猪腿肉400克，四季豆100克。

辅料：大蒜、酱油、醋、味精、盐、香油、芥末粉、姜末各适量。

**制作方法**

1. 猪腿肉去皮洗净，放入汤锅里煮熟，捞出，切成薄片，瘦肉朝下，整齐地放在碗中。
2. 四季豆洗净，在沸水中焯熟，切成长段，加香油、盐拌匀，放在肉的上面，再翻扣在大瓷盘中。
3. 大蒜捣碎成泥，放入碗中，加芥末粉、味精、香油、酱油、醋、姜末调匀，再均匀地淋在薄肉片上即可。

【营养功效】四季豆富含蛋白质和多种氨基酸，有调和脏腑、安养精神、益气健脾、消暑化湿和利水消肿等功效。

**小贴士**

为防止发生中毒，食四季豆前，可用沸水焯透或热油煸熟。

主料：蛇肉1000克。

辅料：鲜红辣椒75克，姜25克，大料、桂皮、香叶各1片，盐、食用油、香油、辣椒酱、豆瓣酱、花生酱、鸡粉、老抽、淀粉各适量。

**制作方法**

1. 将活蛇宰杀后去皮，切成长约10厘米的段。
2. 炒锅中放入食用油，加入大料、桂皮、香叶、辣椒酱、豆瓣酱、花生酱、鸡粉和老抽，放入蛇肉，中火煸炒片刻，加盐，倒入肉清汤，改用小火煨至七成烂，取出蛇肉留原汤。
3. 把红辣椒切成10厘米左右的段，下锅片刻后，加入煨好的蛇肉和原汤适当调味，然后勾芡，淋上香油，出锅即可。

【营养功效】蛇肉含人体必需的多种氨基酸，其中有增强脑细胞活力的谷氨酸，解除人体疲劳的天门冬氨酸等营养成分，是脑力劳动者的良好食物。

**小贴士**

蛇肉可能含有细菌和寄生虫，会威胁胎儿健康，孕妇慎食。

主料：牛肚1000克。

辅料：葱10克，姜15克，料酒、盐、味精、辣椒酱、花椒、醋、香油各适量。

**制作方法**

1. 将20克石灰放入1000毫升水中搅化，再下入牛肚泡约半小时，用刀刮去黑皮、油筋，冲洗干净；用冷水煮沸煮一下，再换水煮烂，加料酒、盐、葱和姜继续煮至熟，用原汤捞上晾凉。
2. 食用时，将牛肚捞出，切成薄片或切丝。锅内放入香油烧热，放花椒炸一会儿后捞出不要，将油倒在牛肚上，再放入料酒、盐、味精、辣椒酱、醋拌匀，装盘即可。

【营养功效】牛肚含蛋白质、脂肪、钙、磷、铁、硫胺素、核黄素、尼克酸等，具有补益脾胃、补虚益精、消渴、风眩等功效。

**小贴士**

本菜需准备石灰20克左右，留作泡洗牛肚用。羊肚亦可按此法泡洗。

芥末薄片肉

口味蛇

辣油牛肚

# 农家拆骨肉

主料：猪大骨400克。

辅料：盐、食用油、老抽、辣椒油、红辣椒、蒜苗各适量。

### 制作方法

1.将猪大骨洗净，放入锅中煮至六成熟后，取出，晾凉后将肉拆下来备用；红辣椒洗净，切圈；蒜苗洗净，切小段。

2.锅中入食用油烧热，入拆骨肉煎至表面微黄后，捞出沥油。

3.锅内留油烧热，入红辣椒炒香，再倒入拆骨肉一起炒匀，放入蒜苗，调入盐、老抽、辣椒油翻炒，起锅盛入盘中即可。

【营养功效】此菜可滋肝阴、润肌肤、利二便和止消渴。

### 小贴士

猪肉中含有一种肌溶蛋白的物质，若用热水浸泡就会散失很多营养，且口味欠佳。

# 黑木耳炒牛肉

主料：牛肉100克，黑木耳250克。

辅料：黄瓜25克，料酒、姜、葱、食用油、盐、味精各适量。

### 制作方法

1.将黑木耳用温水发透，去杂质，撕成瓣状；黄瓜去皮，洗净，切薄片；牛肉洗净切薄片；姜切片；葱切段。

2.锅内放食用油，大火烧至六成热，加姜片、葱段爆香，随即下入牛肉片、料酒炒变色，放入黑木耳、黄瓜、盐炒至断生，最后撒上味精炒匀即可。

【营养功效】此菜含有丰富的铁、氨基酸、维生素K，有补中益气、滋养脾胃、强健筋骨、化痰息风、止渴止涎等功效。

### 小贴士

选购牛肉时要选择软嫩的。

# 尖椒炒肚片

主料：猪肚500克。

辅料：红辣椒、青椒各2个，食用油、香醋、香油、盐、胡椒粉、味精、香葱、大蒜、生姜各适量。

### 制作方法

1.猪肚洗净后从中间剖开，放入姜块、香醋、水，再放入高压锅内压约15分钟后取出沥水。

2.辣椒去蒂、去籽后洗净切片；蒜、姜洗净切片；葱洗净切段；猪肚切片。

3.锅内放食用油烧热，放入姜、蒜片爆香，加入猪肚炒熟，放辣椒片、葱段、胡椒粉、香油、盐和味精调匀，拌炒均匀即可。

【营养功效】猪肚含有蛋白质、脂肪、无机盐类等成分，蛋白质含量是猪肉的两倍多，且脂肪含量少。

### 小贴士

猪肚先用高压锅压透，否则不易炒烂。

**回锅肉**

主料：熟猪肋条肉250克。

辅料：食用油750毫升、干红辣椒、黑木耳、青蒜、料酒、酱油、白醋、糖、辣椒酱、盐、味精、葱片各适量。

**制作方法**

1.红干椒、黑木耳用清水泡至回软，洗涤整理干净；青蒜洗净，切段备用。

2.猪肉切成长方形薄片，下入五成热油中滑散滑透，倒入漏勺。

3.炒锅上火烧热，加入食用油，用葱片炝锅，烹料酒，加入辣椒酱、白醋、糖、酱油、盐、味精，添汤，再下入肉片、红干椒、黑木耳、青蒜，煸炒入味，淋明油、葱片即可。

【营养功效】黑木耳具有滋养脾胃、益气强身、舒筋活络、补血止血之营养功效。

**小贴士**

黑木耳具有活血抗凝的功能，所以鼻出血、血病等出血性疾病患者均不可食用。

**茭白炒肉片**

主料：肉片200克，茭白200克。

辅料：辣椒30克，盐、料酒、油、酱油、姜片、葱各适量。

**制作方法**

1.肉片用盐、料酒腌制15分钟待用；茭白洗净，去皮去根，切片；辣椒洗净，切段。

2.锅中放底油，加热，加姜片爆香一下，倒入腌制好的肉片煸炒发白，然后加入酱油、料酒煸炒几下，盛盘待用。

3.锅中放油烧热，入茭白大火煸炒，加盐煸炒至茭白发软，放辣椒翻炒。

4.倒入肉片，炒匀，撒葱花，装盘即可。

【营养功效】茭白含有丰富的有解酒作用的维生素等营养物质。

**小贴士**

茭白能退黄疸，对于黄疸型肝炎有益。由于茭白含有较多的草酸，其钙不容易被人体所吸收。

**青椒炒猪肚**

主料：猪肚250克，青椒200克。

辅料：鸡汤75毫升，香油、淀粉、熟芝麻、酱油、盐各适量。

**制作方法**

1.青椒去蒂、籽，洗净，切成细丝，放入盐腌制片刻；酱油、淀粉放入碗内，加鸡汤勾兑成芡汁。

2.猪肚用淀粉抓洗干净，切成细丝，与盐、酱油、淀粉搅拌均匀，腌制入味。

3.锅内放油烧至七成热，下青椒丝煸炒，取出；再放入香油，烧热，放入猪肚煸炒几下，倒入青椒丝，调入芡汁，翻炒几下起锅，撒上芝麻即可。

【营养功效】猪肚具有补中益气、止渴消肿、益脾健胃、助消化、止泄抑泻之营养功效。

**小贴士**

胆固醇过高者当少食或不食猪肚，消化功能差的人也不宜多食。

# 湘辣牛筋

主料：牛筋600克。

辅料：红辣椒1个，葱、蒜、淀粉各30克，食用油、味精、盐、香油、料酒、番茄酱、糖各适量。

**制作方法**

1.牛筋倒入沸水中稍烫后捞出，切块；葱洗净切长段，和红辣椒、蒜一起略拍。

2.锅内放食用油烧热，放葱、红辣椒、蒜爆香，再放入牛筋、味精、糖、料酒、番茄酱、盐、水，用小火焖煮40分钟，然后夹出葱、红辣椒、蒜，用水淀粉勾芡，淋上香油炒匀即可。

【营养功效】牛筋中含有丰富的胶原蛋白质，脂肪含量也比肥肉低，并且不含胆固醇。

**小贴士**

把牛筋放到沸水中稍烫是为了去除牛筋的腥味。

# 冬笋烧牛肉

主料：牛肉250克，冬笋250克。

辅料：食用油30毫升，红辣椒、青椒、香葱、姜、花椒、香油、料酒、高汤、豆瓣酱、胡椒粉、盐、味精各适量。

**制作方法**

1.牛肉放清水锅里，加部分葱、姜，大火煮沸，除尽血水后捞出切丝；用温水把冬笋泡软，切丝；辣椒切丝。

2.锅内放食用油大火烧热，下入豆瓣酱、辣椒丝、花椒，炒出香味时再加入姜、葱，烹入高汤烧制出香味后去掉料渣。

3.把肉丝投入锅里，加料酒、香油、胡椒粉、盐、味精，改小火，牛肉焖至七成熟时加入冬笋，烧入味后即可。

【营养功效】冬笋中植物蛋白、维生素及微量元素的含量均很高。

**小贴士**

切牛肉丝时要细点，才能做出更完美的菜肴。

# 指甲藕炒腊肉

主料：腊肉500克，莲藕200克。

辅料：小尖椒5克，食用油、蒜各适量。

**制作方法**

1.将腊肉洗净后放入蒸笼，蒸至熟透取出，切成5厘米长、0.5厘米厚的片；小尖椒切碎。

2.将莲藕洗净、去皮，斜刀切成指甲片；蒜去皮切片。

3.锅内放食用油烧热，下腊肉片爆炒，下尖椒碎、藕片一起煸炒，最后放蒜片炒香，淋明油，出锅即可。

【营养功效】藕的营养价值很高，富含铁、钙等微量元素，植物蛋白质、维生素以及淀粉含量也很丰富，有明显的补益气血、增强人体免疫力的作用。

**小贴士**

藕含有大量的单宁酸，有收缩血管作用，可用来止血。

# 红煨方肉

**主料：** 猪五花肉1250克。

**辅料：** 食用油、冰糖、酱油、甜酒原汁、盐、味精、葱、姜、桂皮各适量。

**制作方法**

1. 五花肉放在火上燎过，用温水泡软，用小刀刮洗干净，下入汤锅煮一下，使肉收缩，切成块，在皮面上划上花刀，在肉的一面剖上十字花刀。

2. 锅内放油烧热，放葱、姜煸炒，放猪肉，用中火煸出油，放酱油煸至红色时再加入甜酒原汁、冰糖、盐、桂皮和水，煮沸之后，将肉放入垫竹箅的沙钵内（皮朝下），倒入煸肉原汤，盖上盖，用小火煨1小时至肉烂浓香。

3. 食用时，将肉连汤上火煮沸，撇去浮油，去掉葱、姜、桂皮，将肉翻扣盘内，再加味精把汁收浓，浇盖方肉上，撒葱花即可。

【营养功效】此菜有开胃、滋阴、润燥等功效。

**小贴士**

　　湖南特产的甜酒是用糯米蒸熟加酒药子酿成，因甜蜜著称，民间在春节时大多用甜酒待客。

# 荷叶粉蒸肉

**主料：** 猪五花肉500克。

**辅料：** 鲜荷叶2张，粳米、籼米各75克，葱段、姜丝、丁香、桂皮、大料、甜面酱、料酒、酱油、糖各适量。

**制作方法**

1. 将粳米和籼米淘净，沥干晒燥；把大料、丁香、桂皮同米一起入锅，用小火炒至呈黄色，冷却后磨成粉。

2. 猪肉洗净，切成长方形，在肉上直切一刀，不要切破皮，放入盛器，加甜面酱、酱油、糖、料酒、葱段、姜丝，拌匀腌制1小时，使卤汁渗入肉片，加米粉拌匀，在肉片间的刀口内嵌入米粉。

3. 荷叶用沸水烫一下，切成与猪肉均等的数量，每张上面放肉1块，包成小方块，上笼用大火蒸2小时左右至肉酥烂、冒出荷叶香味。

【营养功效】荷叶含有莲碱、原荷叶碱和荷叶碱等多种生物碱及维生素C，有清热解毒、凉血、止血的作用。

**小贴士**

　　米粉用量适当；拌肉时，注意鲜汤的用量，做到干稀适度。

# 干锅肥肠

**主料：** 肥肠1000克，青椒、红辣椒各30克。

**辅料：** 干辣椒、鲜汤、豆瓣酱、辣椒酱、料酒、食用油、红油、盐、味精、蚝油、酱油、香油、大料、桂皮、葱、姜、蒜各适量。

**制作方法**

1.将肥肠刮洗干净，放入冷水锅内，加入料酒煮至熟透，捞出沥干水分，晾凉后切成条；青椒、红辣椒去蒂，切滚刀块；蒜去蒂；葱切成段；姜切片。

2.锅内放食用油，大火烧热，放肥肠，炒干水分，加料酒、盐、味精、蚝油、酱油煸炒入味，加鲜汤、大料、桂皮、干辣椒，大火煮沸，撇去浮沫，换小火焖至肥肠软烂，去大料、桂皮、干辣椒。

3.锅内放红油，大火烧至五成热，下蒜、姜片炒香，放辣椒酱、豆瓣酱炒散，放肥肠和青椒、红辣椒块，加盐、味精翻炒，淋香油，撒葱段，装入干锅内，带酒精炉上桌即可。

【营养功效】大肠含有适量的脂肪，有润肠、去下焦风热、止小便数等功效。

**小贴士**

凡脾虚便溏者忌食肥肠。

# 油爆肚尖

**主料：** 猪肚尖4个。

**辅料：** 冬笋50克，水发香菇10朵，鲜红辣椒25克，鸡蛋1个，料酒、香油、葱、姜、蒜、上汤、淀粉、食用油、味精、盐、鸡蛋各适量。

**制作方法**

1.将猪肚尖部位用刀剥下厚的一层肚尖头，剔去两面的油和筋，用清水洗净备用；在肚尖的内面，用刀斜划十字交叉花刀，切成斜方块。

2.冬笋、红辣椒、香菇都切成略小于肚尖的块；姜切小片，葱切段，蒜切蓉。

3.将汤、味精、盐、香油、淀粉、料酒放入碗内，调成汁，加入葱段备用；肚尖加盐、味精拌匀，再用蛋清、水淀粉拌匀。

4.烧热油锅，下肚尖，待其散开卷起时，即倒入漏勺滤油；锅内留适量油，放冬笋、姜片、红辣椒、蒜蓉、香菇煸炒片刻，倒入调好的汁，待汁稠时再倒入肚尖花翻炒片刻即可。

【营养功效】猪肚含有蛋白质、脂肪、碳水化合物、维生素及钙、磷、铁等。

**小贴士**

猪肚要用清水洗几次，然后放进水快沸的锅里，翻动，不等水沸取出，把两面的污物除掉即可。

# 老干妈爆排骨

**主料：**排骨350克。

**辅料：**盐、味精、胡椒粉、食用油、料酒、老干妈豆豉酱、香油、葱段、姜片、青椒、红辣椒各适量。

### 制作方法

1. 排骨洗净，剁成块，入沸水锅中汆水后捞出；青椒、红辣椒均洗净，对切。
2. 将排骨放入碗中，加入料酒、葱段、姜片，入锅蒸约20分钟后取出，去除葱段和姜片。
3. 锅内入食用油烧热，入青椒、红辣椒稍炒后，再入老干妈豆豉酱炒出香味，加入排骨翻炒3分钟。
4. 调入盐、味精、胡椒粉炒匀，淋入香油，起锅盛入盘中即可。

【营养功效】排骨除含蛋白、脂肪、维生素外，还含有大量磷酸钙、骨胶原、骨粘蛋白等，能促进骨骼生长发育。

#### 小贴士

要选肥瘦相间的排骨，不能选全部是瘦肉的，否则肉中没有油，蒸出来的排骨会比较清淡寡味。

# 麻 辣 田 鸡

**主料：**活田鸡1500克。

**辅料：**酱油、小红辣椒、醋、蒜、味精、食用油、花椒粉、淀粉、料酒、香油、盐各适量。

### 制作方法

1. 田鸡宰杀去皮、内脏，洗净，在背疹骨紧连后腿处斩下两腿，用刀背敲断腿骨，再将腿砍开，装盘待用。
2. 小红辣椒去蒂去籽，洗净，切成斜方块；蒜切斜段；用酱油、醋、味精、料酒、香油、水淀粉和少许汤兑成汁；田鸡腿用少许盐和酱油拌匀，用水淀粉浆好。
3. 锅内放食用油烧热，放田鸡腿脚炸一下即捞出，待油内水分烧干时，再下入田鸡腿重炸焦酥呈金黄色，倒漏勺滤油。
4. 锅内留底油，放小红辣椒、盐炒一下，加花椒粉、蒜、田鸡腿，加兑汁颠几下，装盘即可。

【营养功效】田鸡含有丰富的蛋白质、钙和磷，有助于青少年的生长发育和缓解更年期骨质疏松。

#### 小贴士

此菜亦可将葱、姜、蒜和小红辣椒均切成末，加花椒粉烹制成"椒麻田鸡腿"。

# 湖南辣肥肠

**主料：**猪大肠400克。

**辅料：**盐、味精、胡椒粉、食用油、料酒、辣椒油、白醋、香油、红辣椒、蒜瓣、姜片、香菜叶各适量。

**制作方法**

1.猪大肠洗净，放入加有盐、白醋的沸水锅中煮至熟烂后，捞出晾凉，切滚刀块；红辣椒洗净，切圈。

2.油锅烧热，入蒜瓣、姜片爆香后捞出，加入猪大肠、红辣椒同炒片刻。

3.掺入少许高汤烧开，调入盐、味精、胡椒粉、料酒、辣椒油翻炒均匀，淋入香油，起锅盛入碗中，以香菜叶装饰即可。

【营养功效】猪大肠可分为大肠、小肠和肠头，脂肪含量不同，小肠最瘦，肠头最肥，均有润燥、补虚、止血之功效。

**小贴士**

脾虚便溏者不宜食用，适于大肠病变，如痔疮、便血、脱肛者食用。

# 小炒黄牛肉

**主料：**黄牛肉200克。

**辅料：**小米辣椒50克，泡椒水20毫升，芹菜25克，鸡蛋1个，食用油、盐、味精、酱油、蒜、香油、淀粉、嫩肉粉各适量。

**制作方法**

1.黄牛肉去筋膜，切成0.2厘米厚的片，加嫩肉粉、酱油、盐、味精、蛋清、水淀粉上浆入味；小米辣椒、芹菜均切成米粒状，蒜切末。

2.锅内放底油，烧热后下牛肉，炒至八成熟时，出锅装入碗内待用。

3.锅内放底油，下蒜末、小米辣椒粒、芹菜粒炒香，倒入泡椒水，放入牛肉，加盐、味精翻炒均匀，淋香油，出锅装盘即可。

【营养功效】芹菜含铁量较高，能补充妇女经血的损失，是缺铁性贫血患者的佳蔬，食之能避免皮肤苍白、干燥、无华，而且可使目光有神、头发黑亮。

**小贴士**

芹菜含有锌元素，是一种性功能食品，能促进人的性兴奋，西方称之为"夫妻菜"。

主料：牛肉250克。

辅料：干辣椒10克，葱、姜、花椒、孜然、食用油、香油、高汤、料酒、辣椒粉、五香粉、盐、味精各适量。

**制作方法**

1.葱、姜切成末；牛肉去筋，漂净血水后切成薄片，用盐、料酒、姜、葱腌15分钟。

2.锅内放食用油烧至五成热，倒入牛肉片，炸至酥香捞出。

3.锅内留底油，放入干辣椒、花椒翻炒出香味，然后下牛肉片炒匀，加高汤、料酒、五香粉，煮沸后放入辣椒粉、孜然炒香，放入味精、香油，翻炒均匀至熟。

【营养功效】孜然具有醒脑通脉、降火平肝等营养功效，能祛寒除湿、理气开胃、驱风止痛。

**小贴士**

此菜在煸炒时不宜放太多液体状辅料。

主料：狗肉1500克。

辅料：青蒜100克，干红辣椒15克，香菜200克，食用油、料酒、糖、盐、酱油、辣椒油、味精、桂皮、葱、姜、香油各适量

**制作方法**

1.狗肉去净骨，烙去毛，用温水浸泡并刮洗干净，再下入冷水锅中煮沸，捞出洗去血沫，放到砂锅内，加入拍碎的葱、姜以及桂皮、干红辣椒、料酒和水，煮到六成烂时取出狗肉，切成5厘米长、2厘米宽的条（原汤保留待用）。

2.香菜摘洗干净，用盘装上，蒜切成2厘米长的斜段。

3.锅内放食用油烧热，下入狗肉煸炒出香味，加糖、辣椒油、酱油、盐和原汤，装入沙钵内用小火煨烂，放蒜、香油，装入汤盅内并撒上香菜即可。

【营养功效】狗肉有温补脾胃、补肾助阳、壮力气、补血脉的功效。

**小贴士**

狗肉用白酒、姜片反复揉搓，再用稀释的白酒泡1～2小时，清洗后入热油锅微炸再烹调，可有效除去腥味。

主料：猪肋条肉100克。

辅料：面粉20克，鸡蛋2个，葱末、甜面酱、糖、五香粉、淀粉、食用油、料酒、姜末、盐、香油、味精各适量。

**制作方法**

1.猪肉洗净，下入汤锅内煮熟，捞出晾凉；猪肉去皮，切成5.4厘米长、3厘米宽、0.6厘米厚的片；用葱末、姜末加料酒取汁，加盐、味精、糖、五香粉，将肉腌约半小时。

2.鸡蛋打散加面粉、淀粉和适量的水，调制成糊，把肉上糊。

3.锅内放食用油烧热，把肉片逐片下入油锅，炸至表面凝固，熄火，用温油酥透，使肥膘油脂排出；再开火炸至焦酥，呈金黄色时捞出，装盘，淋香油，跟薄饼、葱、甜面酱一起上桌即可。

【营养功效】猪肉能提供血红素（有机铁）和促进铁吸收的半胱氨酸，能改善缺铁性贫血。

**小贴士**

买猪肉时，拔一根或数根猪毛，仔细看其毛根，如果毛根发红，则是病猪；白净，则不是。

长沙风羊腿

主料：羊前腿肉2000克。

辅料：盐100克，糖120克，料酒、硝酸钠适量。

**制作方法**

1.羊前腿肉刮净毛根，清水洗净。

2.盐、糖、料酒、硝酸钠入盆内拌匀，均匀地抹涂抹在羊腿上，然后入缸腌制4~7天，期间翻缸1次。

3.羊腿出缸后用温水洗干净，用麻绳穿扣，白天晾在通风向阳的地方，晚上收挂通风仓库中，风吹1~2个月，即可成品；晾、挂过程中，每日整形，经7天起固定形状后，才可暴晒。

【营养功效】羊肉高蛋白、低脂肪、多磷脂，较猪肉和牛肉的脂肪含量都要少。

**小贴士**

硝酸钠是一种盐，也是一种食品添加剂，加多了会危害人的健康。

---

剁椒爆猪心

主料：新鲜猪心500克，鲜木耳50克。

辅料：料酒、生抽、味精、淀粉、糖、食用油、淀粉、剁辣椒、陈醋、盐、葱、姜、蒜各适量。

**制作方法**

1.洗净猪心，切成薄片，加入料酒、生抽、味精、淀粉和糖抓匀，腌制30分钟。

2.鲜木耳洗净；葱切段，分出葱白和葱青；姜切片；蒜拍扁。

3.锅内放食用油烧热，炒香葱白、姜片和蒜头，放猪心片、木耳，大火爆炒至猪心变色。

4.加剁辣椒、陈醋、生抽、味精、盐和清水炒匀煮沸，撒入葱青段炒匀，用水淀粉勾芡，即可上碟。

【营养功效】猪心含有蛋白质、脂肪、钙、磷、铁、维生素B$_1$、维生素B$_2$、维生素C以及烟酸等。

**小贴士**

剁辣椒本身有咸味，用来给猪心调味时不宜多放盐，应先试味再下盐，否则成菜会过咸。

---

椒爆牛心

主料：牛心顶250克，红辣椒、青椒各1个。

辅料：食用油30毫升，姜、淀粉、香油、豆瓣酱、盐、味精各适量。

**制作方法**

1.牛心顶去净油后洗净，切厚片；红辣椒、青椒、姜洗净，切片。

2.锅内加水，煮沸后，下入切好的牛心顶，烫去异味后倒出，沥水。

3.锅里放食用油烧热，放入姜、豆瓣酱、辣椒爆香，放牛心顶片，用大火爆炒片刻，调入盐、味精炒至入味，用水淀粉勾芡，淋入香油即可。

【营养功效】牛心顶含有蛋白质、碳水化合物、维生素A、核黄素、尼克酸、维生素C、维生素E、钾、钠、钙、镁、磷等。

**小贴士**

此菜用大火炒可使得牛心顶更加脆嫩爽口。

主料：牛腩1000克，胡萝卜300克。

辅料：葱段、姜片、大料、酒、酱油、辣豆瓣、甜面酱、番茄酱各适量。

**制作方法**

1.牛腩洗净，切块，入滚水中汆烫一下，去除血水、腥味。

2.锅中加水，放入牛腩煮30分种。

3.起油锅，用油爆香葱段、姜片、大料，放入辣豆瓣、甜面酱、番茄酱同炒，再加入酒、酱油略煮，然后倒入牛腩炒匀，再放入水及胡萝卜，小火焖煮1小时左右。

【营养功效】胡萝卜含有大量维生素A，能增强抵抗力及保持良好视力，更是牙齿、头发和指甲生长所必需的营养素。

**小贴士**

烧煮时，汤汁可多放些，以水淀粉勾芡，淋于饭上即为牛腩烩饭。

贵妃牛腩

主料：黄牛肉400克，芹菜500克。

辅料：青椒、红辣椒各60克，蒜、姜、生抽、淀粉、苏打粉、料酒、干辣椒、食用油、盐、香油各适量。

**制作方法**

1.牛肉洗净，切片，用刀背敲松牛肉，加生抽、苏打粉合匀，再加料酒、淀粉、食用油，腌1~2小时；芹菜洗净，切段，用盐腌制；辣椒切碎，蒜拍破，姜切丝。

2.锅里放食用油，烧至七成热，放入牛肉，炒至全部变色后立刻起锅；锅里留一部分油，放蒜、姜炒香，放辣椒炒一两下，放芹菜煸炒，放牛肉，加盐、料酒调味，淋香油出锅即可。

【营养功效】芹菜是高纤维食物，它经肠内消化作用产生抗氧化剂，常吃芹菜尤其是芹菜叶，对预防高血压、动脉硬化等都十分有益，并有辅助治疗作用。

**小贴士**

芹菜叶中含的维生素比芹菜梗高，所以应该尽量保留芹菜叶食用。

芹菜炒牛肉

主料：猪腰600克。

辅料：泡菜100克，红辣椒、冬笋各50克，香菇（干）20克，淀粉、蒜、料酒、盐、酱油、味精、食用油、香油各适量。

**制作方法**

1.猪腰去皮膜，片成两半，片去腰臊洗净，两面均斜剞一字花刀，切成斜方块，装盘，加盐拌匀，加水淀粉浆好。

2.泡菜、冬笋、水发香菇去蒂洗净，均切末；蒜洗净，切成花；红辣椒去蒂去籽洗净，切成末。

3.锅内放食用油烧热，下入腰花，滑至八成熟时，倒入漏勺滤油。

4.锅内留底油，下入冬笋、泡菜、香菇、红辣椒、蒜炒一下，烹料酒，加盐、酱油、味精，用水淀粉调稀勾芡，随即倒入滑熟的腰花，颠翻几下，淋香油，装盘即可。

【营养功效】此菜富含维生素、钙、磷等营养成分，具有健胃、助消化等功效。

**小贴士**

一字花刀即荔衣花刀，两面深度为2/3。

酸辣腰花

# 冬笋腊肉

主料：腊肉500克，冬笋150克。

辅料：青蒜100克，味精、食用油各适量。

**制作方法**

1.将腊肉洗净，上笼蒸熟取出，切成4厘米长、3厘米宽、0.3厘米厚的片。

2.冬笋先切成梳子背形条，再切成约0.3厘米厚的片。

3.青蒜洗净切3厘米的段。

4.锅内放食用油，大火烧至六成热，下入腊肉、冬笋煸炒，加肉清汤稍焖，收干水分，放入青蒜、味精，再翻炒几下，装盘即可。

【营养功效】腊肉中磷、钾、钠的含量丰富，还含有脂肪、蛋白质、碳水化合物等元素，具有健脾开胃等功效。

**小贴士**

此菜用煸炒技法，锅内放较少油，一般占生料的20%左右，要求大火热油，下锅后用手勺反复拌炒。

# 麻辣毛肚片

主料：牛肚250克。

辅料：辣椒（红、尖）20克，葱、蒜、姜、盐、味精、花椒粉、香油、辣椒油、糖、醋各适量。

**制作方法**

1.姜、辣椒均切细丝，葱切段，蒜剁成蒜末；毛肚洗干净后切片，放入开水中烫约半分钟，捞出。

2.将蒜末、葱段、姜丝、辣椒丝、毛肚及调味料（盐、味精、花椒粉、香油、辣椒油、糖、醋）一起拌均匀，再浸腌约10分钟，待其入味后即可食用。

【营养功效】牛肚富含铁等营养成分，具有补气养血、补虚益精等功效，适宜•病后虚羸、气血不足、营养不良、脾胃薄弱之人食用。

**小贴士**

牛肚苡仁粥：牛肚1个，苡仁120克。将牛肚洗净，切片，与苡仁同煮粥服食。此粥有健脾除湿之功。

# 蒜苗腊肉

主料：腊肉300克。

辅料：青蒜20克，辣椒（红、尖）30克，香油、食用油、味精、糖、料酒各适量。

**制作方法**

1.腊肉放入锅中蒸20分钟，取出后去皮，切成薄片；青蒜切斜段；辣椒去籽后切片。

2.将腊肉、青蒜一起放入开水中烫熟捞出。

3.锅内放食用油烧热，放青蒜、辣椒拌均匀，再放腊肉及味精、糖、料酒、清水，用大火快速翻炒，淋香油即可起锅。

【营养功效】青蒜含有的辣素，具有醒脾气、消积食的作用，还有良好的杀菌、抑菌作用，能有效预防流感、肠炎等因环境污染引起的疾病。

**小贴士**

腊肉由新鲜肉类加盐及香料腌制而成，含钠量较高，高血压患者最好禁食。此外，长时间保存的腊肉上会寄生肉毒杆菌，对高温、高压和强酸的耐力很强，极易通过胃肠黏膜进入人体，引起中毒。

主料：羊肉1500克。

辅料：蒜100克，香菜100克，干红辣椒10克，桂皮15克，食用油、料酒、酱油、盐、味精、胡椒粉、香油、葱、姜各适量。

**制作方法**

1.蒜去皮；香菜摘洗干净；葱、姜拍破。

2.羊肉去骨，用温水浸泡洗净，下入冷水锅煮过捞出，洗净血沫，放入垫有粗竹席的沙钵内，加料酒、桂皮、干红辣椒、葱、姜、水，大火煮沸，换小火煨到七成熟时取出，切条，下油锅爆香味，烹料酒，加酱油、盐、羊肉原汤、蒜，小火煨烂。

3.羊肉倒入锅内，去掉葱、姜、桂皮和干红辣椒，加入味精、胡椒粉，收浓汁，放香油，装入深盘内，拼上香菜即可。

【营养功效】蒜含有锗和硒等元素，有良好的抑制癌瘤或抗癌等作用。

**小贴士**

辣素怕热，遇热后很快分解，杀菌作用会降低，因此，预防和治疗感染性疾病应该生食蒜。

蒜子煨羊肉

主料：牛肉500克。

辅料：糯米、大米各25克，大料、食用油、料酒、酱油、盐、米粉、糖、干红辣椒、香油、葱、姜各适量。

**制作方法**

1.糯米、大米加大料入锅炒黄，磨成细粉；葱切花；姜切末。

2.牛肉切成5厘米长、3厘米宽的薄片，加食用油、料酒、酱油、盐、糖、干红辣椒、姜末腌约20分钟，然后放入米粉拌匀，注意不能拌得太稀或太干。

3.在一小蒸笼里垫上荷叶，把拌好的牛肉摆在笼内，上面盖荷叶，在沸水上大火蒸熟，取出，撒葱花，淋香油，原笼上桌即可。

【营养功效】糯米含有蛋白质、脂肪、糖类、钙、磷、铁、维生素B₁、维生素B₂、烟酸及淀粉等，具有补中益气、健脾养胃、止虚汗之功效。

**小贴士**

糯米黏腻，若作糕饼，更难消化，故婴幼儿、老年人、病后消化力弱者忌食糯米糕饼。

荷叶粉蒸牛肉

主料：猪里脊肉500克。

辅料：盐、料酒、糖、味精、香油、葱、姜各适量。

**制作方法**

1.里脊肉整块去筋，用竹签扎些小眼，以便于进味烤熟，用上列调料和拍破的葱、姜揉搓，腌2小时。

2.把腌好的肉放入烤盘，再放进烤箱烤熟，烤时要注意调节火力，以免烤焦。如色不均匀时，可用菜叶把色重处盖上再烤，务必使颜色一致，烤到肉熟、两面颜色一致时取出，刷上香油，以免干裂。

3.食用时，横切成片，摆盘，淋香油即可。

【营养功效】此菜富含蛋白质等营养成分，具有滋阴润燥、丰肌泽肤等作用。

**小贴士**

猪肉烹调前不能用热水清洗，因为猪肉中含有一种肌溶蛋白的物质，在15℃以上的水中易溶解，若用热水浸泡就会散失很多营养。

烤里脊肉

# 酥炸金钱牛肉夹

**主料：** 牛肉500克，肥膘肉100克。

**辅料：** 虾米20克，香菜、火腿各50克，鸡蛋清100毫升，面粉、食用油、料酒、盐、味精、糖、花椒粉、葱、姜、大料、淀粉、香油各适量。

## 制作方法

1. 葱和姜切成米，拍破；虾米泡发洗净，与火腿均切成米状；香菜摘洗干净。
2. 牛肉煮熟切成圆片（计20片），用碗装上，放入葱、姜、料酒、大料、盐，上笼蒸至八成烂，取出晾凉。
3. 肥膘肉剁成细泥，加虾米、葱白花、姜米、花椒粉、盐、味精、糖、香油搅拌成馅。
4. 牛肉片摊放在板上，铺满葱油馅，再盖一片牛肉，即为牛肉夹；鸡蛋清装入深盘内，打起发泡，放入适量淀粉、面粉调成雪花糊。
5. 锅内放食用油烧到五成热，将牛肉夹逐片裹上雪花糊，下入油锅，在表面上按些火腿米和香菜叶，中火炸至底部呈金黄色，炸熟捞出，摆盘即可。

【营养功效】此菜有化痰息风、止渴止涎之功效。

## 小贴士

一周吃一次牛肉即可，不可食之太多。

# 湘 轩 扣 肉

**主料：** 带皮五花肉400克，梅菜50克。

**辅料：** 食用油、盐、胡椒粉、糖、料酒、老抽、葱段、姜片、红辣椒碎、葱花、香菜叶各适量。

## 制作方法

1. 五花肉洗净，放入加有料酒、葱段、姜片的沸水锅中煮至六成熟，捞出沥水，在肉皮上抹上老抽；梅菜泡发，洗净切碎；将盐、胡椒粉、糖、料酒、老抽兑成味汁。
2. 锅内入食用油烧热，将五花肉肉皮朝下，入锅炸呈棕红色、微起泡时捞出。
3. 将五花肉切大片，入碗，淋味汁，放上梅菜、红辣椒碎，入锅蒸约50分钟后取出，倒扣于盘中，撒上葱花、香菜叶即可。

【营养功效】猪皮蛋白质含量很高，对人的皮肤、筋腱、骨骼、毛发都有保健作用。

## 小贴士

梅菜是广东惠州的特产，又称为"惠州贡菜"，不寒、不燥、不湿、不热。

# 红烧牛蹄筋

主料：牛蹄筋750克。

辅料：白菜心100克，淀粉、姜、桂皮、葱、料酒、香油、酱油、食用油、味精、盐各适量。

## 制作方法

1. 牛蹄筋洗净，放入冷水锅中，大火煮沸，煮10分钟后捞出，去碎骨，刮去表面衣皮，再切条。
2. 取大瓦钵1只，用竹算子垫底，放牛蹄筋、桂皮、料酒、酱油、盐、葱结、姜片和清水，大火上煮沸，改小火煨4～5小时，至蹄筋软烂，剩少量浓汁时离火，去掉葱、姜、桂皮。
3. 锅内放食用油烧至八成热，放白菜心，加盐焐熟，盛在瓷盘的周围；炒锅内放食用油烧至八成热，倒入牛蹄筋煽炒，烹入原汁，煮沸后，加味精，用水淀粉勾薄芡，盛入大瓷盘的中间，淋香油即可。

【营养功效】牛蹄筋中含有丰富的胶原蛋白，能增强细胞生理代谢，使皮肤更富有弹性和韧性，延缓皮肤的衰老。

**小贴士**

凡外感邪热或内有宿热者忌食牛蹄筋。

# 软 酥 猪 腰

主料：猪腰750克，肥膘肉100克。

辅料：醋、葱、冰糖、姜、味精、料酒、盐、酱油、香油各适量。

## 制作方法

1. 猪腰去膜洗净，片开，剔去腰臊，每一半切成4片，入沸水中汆一下，除去杂味；肥膘肉切成4大片。
2. 取大瓦钵1只，用竹算子垫底，先将肥膘肉铺在竹算子上，再放猪腰、葱结、姜片，加入冰糖、醋、酱油、料酒、香油、味精、盐和肉清汤，上面压盖1只瓷盘，大火煮沸后换中火煨烂，再用小火煨出浓汁后离火，去掉葱结、姜片，将竹算子取出放在瓷盘中。
3. 将猪腰整齐排放在小瓦钵内，去掉肥膘肉，原汤倒入小瓦钵内，入笼蒸热，吃时翻扣在盘中即可。

【营养功效】猪腰含有蛋白质、脂肪、碳水化合物、钙、磷、铁和维生素等，有健肾补腰、和肾理气等功效。

**小贴士**

血脂偏高者、高胆固醇者忌食猪腰。

# 焦 炸 肥 肠

主料：肥肠750克。

辅料：鸡蛋2个，面粉50克、淀粉、姜片、花椒、胡椒粉、酱油、盐、料酒、香油、醋、食用油、葱各适量。

## 制作方法

1.将肥肠理直剪开，洗去污物，加盐、醋、料酒搓揉，去腥臭味，用清水洗两次后入沸水锅中汆一次，然后切成大片。

2.锅内放食用油烧至六成热，下肥肠炒几下，加料酒、酱油、盐、花椒、葱结、姜片、杂骨汤煮沸，熄火。

3.取大瓦钵1只，用竹箅子垫底，倒入肥肠，加杂骨汤，盖好，大火上煮沸，换小火上煨1小时，至肥肠软糯离火，捞出肥肠晾凉，横切成条。

4.鸡蛋入碗内搅匀，放入面粉、淀粉、盐、食用油、清水调成糊状，将肥肠放入蛋糊内挂糊，逐条放入七成热的油锅中，大火炸呈金黄色时，连油倒入漏勺，沥油后盛盘中，淋入香油，撒上胡椒粉即可。

【营养功效】肥肠有润燥、补虚、止渴、止血之功效。

### 小贴士

蛋糊调成似麻酱状为准。稀，挂不住原料；稠，使成品干硬。

# 烤 酥 香 肉

主料：猪腿肉500克。

辅料：食用油、料酒、盐、糖、白醋、香油、葱、姜各适量。

## 制作方法

1.猪肉洗净，放在砧板上片成3毫米厚大片；把一半葱、姜拍破，加上盐和料酒，将肉腌约3小时，取出后摊开在铁丝网上，用烤炉烤到半干湿，再切成4厘米长、3厘米宽的片。

2.余下葱切段、姜切丝，加入糖、醋和适量的汤兑成汁。

3.锅内放食用油烧热，下入肉片炸熟，换小火焖至焦酥，滗去油，将糖醋汁油煮沸下入肉片炸熟，移用小火焖炸至焦酥，滗去油，将糖醋汁倒入，翻炒几下，装入盘内晾凉。

4.食用时，摆放盘内，淋香油即可。

【营养功效】猪腿肉属于高蛋白、低脂肪、高维生素的食物，具有补肾养血、滋阴润燥等功效。

### 小贴士

食用猪肉后不宜大量饮茶，因为茶叶中的鞣酸会与蛋白质合成具有收敛性的鞣酸蛋白质，使肠蠕动减慢，易造成便秘，增加有毒物质和致癌物质的吸收。

# 彭 家 羊 柳

**主料：** 羊里脊300克。

**辅料：** 胡萝卜30克，青蒜30克，鸡蛋1个，蒜、苏打粉、食用油、盐、味精、酱油、糖、醋、料酒、黑胡椒粉、淀粉各适量。

### 制作方法

1.羊肉切成5厘米长、筷子般粗的条状，加苏打粉腌半小时，再加鸡蛋、盐、味精、酱油、淀粉搅拌均匀，腌半小时；胡萝卜、青蒜切丝；蒜切末。

2.锅内放300毫升食用油烧至六七分热，放羊肉炸至5分熟，待羊肉表皮变干即可捞出，沥干油。

3.锅中留底油烧热，放胡萝卜丝、青蒜丝、蒜末爆香，加羊肉，加味精、糖、酱油、醋、料酒、黑胡椒粉、水淀粉勾芡，炒匀盛盘即可。

【营养功效】羊肉性温，能增加消化酶，保护胃壁，修复胃粘膜，帮助脾胃消化，起到抗衰老的作用。

### 小贴士

羊里脊是紧靠脊骨后侧的小长条肉，纤维细长，质地软嫩，适于熘、炒、炸、煎等。

# 焦 酥 肉 卷

**主料：** 猪肉300克。

**辅料：** 鸡蛋4个，包菜250克，马蹄100克，虾米、食用油、料酒、盐、味精、糖、香油、面粉、冻豆腐、葱、姜、五香粉、番茄酱、花椒粉、醋各适量。

### 制作方法

1.鸡蛋3个磕入碗内，加盐，放入烧热的油锅内，摊成蛋皮2张。

2.猪肉洗净剁碎，加马蹄粒、虾米末、葱姜末、1个鸡蛋、面粉、料酒、味精、五香粉，搅拌成馅；包菜切成丝，加盐腌上。

3.蛋皮切成半圆形，把肉馅用刀平刮在上面，滚成筒，稍按扁，再切斜片。

4.锅内放食用油烧热，放肉卷，炸焦酥呈金黄色，倒入漏勺沥油，再倒入锅内，撒花椒粉、葱花，淋香油，装盘；包菜丝挤干水分，放入番茄酱、糖、醋拌匀，拼边即可。

【营养功效】马蹄中含的磷是根茎类蔬菜中较高的，有利于牙齿骨骼的发育。

### 小贴士

马蹄生长在泥中，可能附着细菌和寄生虫，不宜生吃。

# 原蒸五元羊肉

**主料：** 羊肉1000克。

**辅料：** 荔枝、桂圆、红枣各10克，莲子30克，枸杞子、桂皮各15克，食用油、料酒、盐、味精、胡椒粉、葱、姜、蒜、蜂蜜、干红辣椒、鸡油各适量。

### 制作方法

1. 葱和姜拍破，蒜剥去皮；红枣洗净，上笼蒸发剥去皮；荔枝和桂圆剥去壳洗一遍。
2. 羊肉去骨，用温水浸泡洗净，下冷水锅煮过捞出，洗净血沫，放入垫粗竹席的砂锅内，加葱、姜、料酒、桂皮、干红辣椒、水，加盖，大火煮沸，撇去泡沫，换小火煨到八成烂取出，稍凉，切成块。
3. 锅内放食用油烧热，放羊肉块煸出香味，烹料酒，盛入汤盅，放荔枝、桂圆、红枣、莲子、枸杞子、蒜、蜂蜜、胡椒粉、盐、味精、清汤、原汤，上笼蒸至酥烂浓香取出，淋鸡油即可。

**【营养功效】** 枸杞子含有丰富的胡萝卜素、维生素A、维生素B1、维生素B2、维生素C和钙、铁等眼睛保健的必需营养。

### 小贴士

老羊肉肉色深红，肉质较粗；嫩羊肉肉色浅红，肉质坚而细，富有弹性。此菜适宜选用嫩羊肉。

# 五 香 火 肠

**主料：** 猪大肠200克，猪肉300克。

**辅料：** 火腿150克，料酒、盐、酱油、糖、醋、味精、香油、桂皮、大料、葱、姜各适量。

### 制作方法

1. 猪大肠放在水案上，用竹片刮尽涎液，内外冲洗干净，下入开水锅氽过即捞出，用盐、醋揉搓，用清水冲洗直到无异味为止。
2. 猪肉切成大片，火腿切条，用猪肉片包裹在火腿的周围，灌入大肠内，用绳把肠两头捆紧，放入有竹底箅的沙钵内，再放入拍破的葱、姜以及料酒、大料、桂皮、盐、酱油和适量的水，小火煨熟，取出晾凉，刷上香油，以免干燥。
3. 食用时，切圆片摆盘，淋香油即可。

**【营养功效】** 猪大肠性寒，味甘，适宜小便频多和大肠病变（如痔疮、便血、脱肛）者食用。

### 小贴士

猪肠可分为大肠、小肠和肠头，它们的脂肪含量不同，小肠最低，肠头最高。

# 泡 椒 肥 肠

**主料：** 猪大肠800克，莴笋200克。

**辅料：** 食用油、盐、胡椒粉、料酒、老抽、姜片、大料、茴香、草果、蒜苗、泡椒各适量。

### 制作方法

1.猪大肠洗净，放入加有盐、料酒、姜片、大料、茴香、草果的沸水锅中，煮至熟软后捞出晾凉，切小段；莴笋去皮、洗净，切小条；蒜苗洗净，切小段。

2.油锅烧热，放入猪大肠煸炒，再入莴笋炒片刻，加入泡椒、蒜苗翻炒均匀。

3.调入盐、胡椒粉、料酒、老抽、泡椒水炒匀，起锅盛入盘中即可。

【营养功效】开通疏利、消积下气。

### 小贴士

　　焯莴笋时一定要注意时间和温度，焯的时间过长、温度过高会使莴笋绵软，失去清脆口感。

# 金 银 猪 肝

**主料：** 猪肝500克，肥膘肉150克。

**辅料：** 花椒、味精、料酒、葱、盐、姜、糖、香油各适量。

### 制作方法

1.猪肝洗净，切成5厘米粗细的长条；肥膘肉切成1.5厘米粗的条；葱、姜均拍碎，加花椒、料酒、糖、味精、盐与猪肝拌匀，腌约2小时，部分拍碎的葱、姜、盐与肥膘腌好。

2.肝、肉腌好后，用小刀把猪肝开一个口，把肥膘肉条放进去，用小竹签把口封好，放在烤盘中，腌猪肝的原汁浇在上面，放入烤箱中。

3.烤箱温度在200～250℃。烤熟后，取出晾凉刷上香油，以免干燥；食用时，将猪肝切成片，摆入盘中。

【营养功效】猪肝具有一般肉类食品不含的维生素C和微量元素硒，能增强人体的免疫能力，抗氧化，防衰老，并能抑制肿瘤细胞的产生。

### 小贴士

　　猪肝中胆固醇含量较高，高血压、冠心病、肥胖症及血脂高患者忌食。

# 香湘小排

**主料：**排骨400克。

**辅料：**食用油、盐、老抽、辣椒油、料酒、辣椒酱、香油、淀粉、蒜、姜、葱、熟花生碎、熟白芝麻、香菜叶各适量。

### 制作方法

1. 排骨洗净，剁成长段，汆水后捞去，加盐、老抽、料酒腌制入味，再以水淀粉上浆；蒜、姜均去皮、洗净，切末；葱洗净，切葱花。
2. 锅内入食用油烧热，放入排骨炸至酥脆时盛出。
3. 再热油锅，入姜末、蒜末、辣椒酱炒香，加入排骨、熟花生碎翻炒，调入辣椒油炒匀。
4. 淋入香油，起锅盛入以香菜叶垫底的盘中，撒上葱花、熟白芝麻即可。

【营养功效】花生中含有丰富的脂肪油和蛋白质，对产后乳汁不足者有养血通乳作用。

**小贴士**

食用花生后不宜立即喝水。

# 红煨狗肉

**主料：**狗肉1500克。

**辅料：**附子3克，当归、桂皮各18克，料酒、酱油、味精、盐、红干辣椒、青蒜、姜、葱、食用油各适量。

### 制作方法

1. 狗肉洗净，剁成块，与冷水同时下锅，煮沸后去掉血腥味，捞出，再用清水洗两次，沥去水；青蒜切成3厘米长的段；附子、当归、桂皮清洗干净，待用；葱打结，姜切片。
2. 锅内放食用油大火烧至八成热，放狗肉煸炒4分钟，烹入料酒，下酱油、盐煸炒，水分收干，使作料入味。
3. 取大瓦钵1个，用竹箅子垫底，放狗肉，加清水、桂皮、附子、当归、葱结、姜片、红干椒，盖瓷盘，大火煮沸，换小火煨2小时至烂；去掉桂皮、葱结、姜片、红干椒，将狗肉倒入炒锅，加味精、青蒜煮沸，盛盘即可。

【营养功效】狗肉蛋白质含量高，尤以球蛋白比例大，对增强机体抗病能力和细胞活力及器官功能有明显作用。

**小贴士**

忌吃半生不熟的狗肉，以防寄生虫感染；忌食疯狗肉。

禽蛋类

# 禽蛋类食品注意事项

## 禽肉的食用价值及挑选技巧

禽也通称鸟类，分飞禽和家禽两大类，家禽是人类为了经济目的或其他目的而驯养的鸟类，如鸡、鸭、鹅、鸽子等，是人类常食的食物之一。

### 食用价值

禽肉含有丰富的蛋白质、脂肪、矿物质和维生素。禽肉中蛋白质含量一般为20%，并能供给多种必需的氨基酸。禽肉中脂肪熔点较低（33~34℃），易于消化，所含亚油酸占脂肪含量的20%，这是一种必需的脂肪酸。鸡肉脂肪含量约为2%，鸭肉为7%，鹅肉为11%左右。禽类肝脏中富含维生素A，鸡肝中的维生素A相当于猪肝的1~6倍。禽肉中含维生素E为90~400μg／100g。禽肉中富含铁质，禽肝含量更高。

### 挑选技巧

市场上禽肉种类较多，鱼龙混杂，购买时稍不注意，就有可能上当受骗，不过，主要稍加注意，便能避免，不仅能保证享受鲜美的禽肉，还能保障家人的健康。

挑选禽肉的方法很多，以鸡为例。目前，超市里的鸡肉大多为肉鸡肉，缺乏"鸡味"；集贸市场上买活鸡可代为宰杀，只要挑选得当，即可享受鲜美的鸡肉。

挑选健康的鸡：健康的鸡，精神活泼，爪壮有力，羽毛紧密而油润；眼睛有神、灵活，眼球充满整个眼窝；冠与肉髯颜色鲜红，冠挺直，肉髯柔软；两翅紧贴身体，毛有光泽。

挑选嫩鸡：脚掌皮薄，无僵硬现象，脚尖磨损少，脚腕间的突出物短。

挑选散养鸡：散养鸡也称柴鸡、草鸡、土鸡，适合做汤。散养鸡的脚爪细而尖长，粗糙有力；圈养鸡脚短、爪粗、圆而肉后。

识别活宰鸡和死宰鸡：屠宰刀口不平整，放血良好的是活鸡屠宰；刀口平整甚至无刀口，放血不好，有残血且血呈暗红色的，则可认定它是死后屠宰的鸡。

识别注水鸡：如果鸡的翅膀后面有红针点，周围呈黑色，可能是注水鸡；用手捏鸡的皮层，明显感觉打滑，一定是注过水的。

优质鸡肉：眼球饱满，皮肤有光泽，因品种不同可呈淡黄、淡红和灰白等颜色，肌肉切面有光泽，表面微干或微湿润，不黏手，指压后的凹陷能立即恢复。

优质冻鸡肉：解冻后，眼球饱满或平坦，皮肤有光泽，因品种不同而呈黄、浅黄、淡红、灰白等色，肌肉切面有光泽，表面微湿润，不黏手，指压后的凹陷恢复慢且不能完全恢复；具有正常气味。

## 鸡蛋的五大益处及选购技巧

鸡蛋，又名鸡卵、鸡子，是母鸡所产的卵，含有大量的维生素、矿物质及有高生物价值的蛋白质等营养成分，是人类常食用的食品之一。

### 五大益处

1.健脑益智。鸡蛋黄中的卵磷脂、甘油三脂、胆固醇和卵黄素，对神经系统和身体发育有很大的作用。卵磷脂被人体消化后，可释放出胆碱，胆碱可改善各个年龄段的记忆力。

2.保护肝脏。鸡蛋中的蛋白质对肝脏组织损伤有修复作用。蛋黄中的卵磷脂可促进肝细胞的再生，还可提高人体血浆蛋白量，增强肌体的代谢功能和免疫功能。

3.防治动脉硬化。美国科学家用鸡蛋来防治动脉粥样硬化，获得了出人意料的效果。他们从鸡蛋、核桃、猪肝中提取卵磷脂，每天给心血管病人吃4~6汤匙。3个月后，患者的血清胆固醇显著下降。

4.预防癌症。鸡蛋中含有较多的维生素$B_2$，维生素$B_2$可以分解和氧化人体内的致癌物质。鸡蛋中的微量元素，如硒、锌等也都具有防癌作用。

5.延缓衰老。鸡蛋几乎含有人体所需的各种营养物质。不少长寿老人的延年益寿经验之一就是每天必食一个鸡蛋。中国民间流传的许多养生药膳都含有鸡蛋，如何首乌煮鸡蛋、鸡蛋煮猪脑、鸡蛋粥等。鸡蛋特别适合中老年人食用，高血压、高血脂患者也可大量服用。

### 选购技巧

鸡蛋选购技巧很多，这里主要介绍四种。

观察：蛋壳上附着一层霜状粉末，蛋壳颜色鲜明，气孔明显的是鲜蛋；陈蛋正好与此相反，并有油腻感。

透视：左手握成圆形，右手将蛋放在圆形末端，对着日光透射，新鲜的鸡蛋呈微红色，半透明状态，蛋黄轮廓清晰；如果昏暗不透明或有污斑，说明鸡蛋已经变质。

听：把鸡蛋放在耳旁，用手轻摇，无声的是鲜蛋，有水声的是陈蛋。

试：把蛋放入冷水中，如果蛋平躺在水里，说明很新鲜；如果倾斜在水中，至少已存放3~5天了；如果笔直立在水中，可能存放10天之久；如果浮在水面上，有可能已经变质。

# 湘西土匪鸭

**主料：** 胡萝卜20克，鸭500克。

**辅料：** 大料、桂皮、花椒、姜、蒜、豆瓣酱、干辣椒、盐、味精、啤酒、酱油、香菜、辣椒粉、食用油各适量。

**制作方法**

1. 鸭洗净，剁成块，在沸水中焯1分钟捞出；胡萝卜切块，焯水捞出。
2. 锅内放底油烧至六成热，放入桂皮、花椒、豆瓣酱、姜、大料，用大火煸香，加入干辣椒、鸭块，大火煸炒10分钟，放酱油翻炒上色，加入啤酒大火煮沸，换中火焖20分钟。
3. 炒锅加底油，放姜、蒜、辣椒粉煸香，加入鸭块用中火煸炒1分钟，放入味精、盐、胡萝卜块翻炒均匀，放上香菜拌匀即可。

**【营养功效】** 鸭肉中的脂肪酸易于消化。所含B族维生素和维生素E较其他肉类多，能有效抵抗脚气病。

**小贴士**

此菜以水鸭、仔鸭入菜为最佳，水鸭的肉味清甜，仔鸭则肉嫩味鲜。

# 尖椒皮蛋

**主料：** 红辣椒50克，生皮蛋3个。

**辅料：** 蒜头、香菜、醋、鸡粉、盐、酱油各适量。

**制作方法**

1. 香菜洗净切成段；蒜头拍扁去衣，剁成蓉。
2. 把红辣椒放到火上烤焦，烤好后放入冷开水中，去掉尖椒发黑的外皮和籽，放入冷开水中清洗干净，再将尖椒肉撕成条状，放入大碗里。
3. 洗净皮蛋放入锅里，加水以没过皮蛋为宜，加盖，大火煮8分钟便可熄火，取出皮蛋剥掉去壳，切成瓣放进碗里。
4. 往碗里加入适量的醋、酱油、盐、鸡粉和蒜蓉，搅拌均匀腌10分钟即可。

**【营养功效】** 皮蛋经过强碱的作用使蛋白质及脂质分解，变得较容易消化吸收，胆固醇也变得较少。

**小贴士**

铅、铜含量高的皮蛋，蛋壳表面的斑点会比较多，剥壳后也可看到蛋白部分颜色较黑绿或偶有黑点，不宜食用。

# 蛋黄酿冬瓜

**主料：** 冬瓜500克，咸蛋黄150克。

**辅料：** 葱段、姜片、料酒、盐、味精、胡椒粉各适量。

**制作方法**

1. 冬瓜去皮和瓤，洗净后先削成圆形，再切成块，再用刀去掉中间部分，最终成环形冬瓜块。
2. 咸蛋黄放在碗里，加上葱段、姜片和少许清水，上屉蒸5分钟，取出蛋黄备用；把冬瓜块放入沸水中焯一下，取出用冷水过凉，沥净水，把蒸好的蛋黄酿在中间。
3. 将蛋黄和冬瓜放在盘内，加上料酒、盐、胡椒粉、味精和少许蒸咸蛋黄的汤汁，上屉用大火蒸5分钟即可。

**【营养功效】** 冬瓜含维生素C较多，且钾盐含量高、钠盐含量较低，有润肺生津、化痰止渴、利尿消肿、清热祛暑、解毒排脓等功效。

**小贴士**

冬瓜是一种解热利尿比较理想的日常食物，连皮一起煮汤，效果更佳。

主料：鸭舌300克，芦笋200克。

辅料：高汤、盐、干红辣椒、花椒、生抽、姜、蚝油、淀粉、五香粉、食用油各适量。

**制作方法**

1.将鸭舌烫去粗皮，去骨洗净；芦笋洗净，切成节。
2.锅置火上，放食用油烧至五成热时，下干红辣椒、花椒、姜末炒香，加鸭舌煸炒，烹入高汤，再加入生抽、姜、蚝油、五香粉烧10分钟后，投入芦笋烧熟，用水淀粉勾芡，起锅入盘即可。

【营养功效】鸭舌含有硫胺素、钙、蛋白质、核黄素、镁、烟酸等营养素，有清热解毒、健脾开胃等功效。

**小贴士**

炒鸭舌的时候要用大火，且动作要迅速，使鸭舌受热均匀。一般人群均可食用鸭舌，但不宜过量。

麻辣鸭舌

主料：鸭腿肉350克，芋头150克。

辅料：油、葱、姜、茴香、陈皮、料酒、酱油、盐、食用油各适量。

**制作方法**

1.洗净鸭腿，去骨切小块；芋头削皮切丁；葱和陈皮切丝。
2.炒锅中加入食用油，烧热后放入葱丝、姜块，煸出香味，放入鸭肉。
3.鸭肉炒至表面呈黄色，加入酱油、茴香、适量水，大火煮沸，再放入料酒、盐、陈皮丝，盖上锅盖，改中小火焖烧。
4.鸭肉将酥时，加入芋头丁，焖烧至芋头丁、鸭肉均酥烂后，改用大火收浓汤汁，捡去姜块、茴香即可。

【营养功效】芋头含丰富的淀粉、维生素、微量元素，有滋阴润燥、养胃理气等功效，秋季食用可增强幼儿的抗病能力。

**小贴士**

生芋头有毒，食时必须熟透；生芋汁易引起局部皮肤过敏，可用姜汁擦拭缓解。

陈皮芋头鸭

主料：鸭肫250克，冬笋40克。

辅料：芥菜40克，大料2个，鸡油、鸡汤、料酒、酱油、淀粉、葱、姜、蒜各适量。

**制作方法**

1.将鸭肫两面剞成花刀；冬笋、芥菜均片成小木梳片；鸭肫、冬笋、芥菜分别用开水焯透，清水过凉，摆入盘内。
2.将炒锅置火上，放入鸡油烧热，投入大料、葱段、姜片、蒜片，炸出香味，烹入料酒，加入鸡汤、酱油煮沸。
3.鸡汤煮沸后取出葱段、姜片、蒜片、大料，然后将鸭肫、冬笋、芥菜轻轻推入，淋入水淀粉勾芡，再淋入鸡油，装盘即可。

【营养功效】鸭肫的主要营养成分有碳水化合物、蛋白质、脂肪、烟酸、维生素C、维生素E和各种矿物质，其中铁元素含量较丰富，女性可以适当多食用。

**小贴士**

孕妇忌食鸭肫。

烧鸭肫

# 红辣椒焖鹅

**主料：**鹅肉500克。

**辅料：**鲜红辣椒100克，杂骨汤500毫升，淀粉、味精、嫩姜、盐、料酒、蒜、酱油、香油、食用油各适量。

**制作方法**

1. 鹅肉洗净，切成块；嫩姜洗净去皮，切成菱形片；鲜红辣椒洗净，去蒂去籽，切成薄片。
2. 锅内放食用油，大火烧至八成热，放姜片炒几下，再下鹅肉煸炒，待煸干水，烹入料酒，继续煸炒2分钟，放入酱油、盐炒匀，再加入蒜瓣、杂骨汤焖15分钟，鹅肉柔软后盛入大碗。
3. 炒锅内放油，烧至六成热时，放入鲜红辣椒炒熟，再倒入鹅肉，放味精，用水淀粉勾芡，一起炒匀，出锅装盘，淋入香油即可。

【营养功效】鹅肉是理想的高蛋白、低脂肪、低胆固醇的营养健康食品。

**小贴士**

湖南武冈市的"铜鹅"品质上乘，闻名海内外。

# 蚝油鸭掌

**主料：**鸭掌1000克。

**辅料：**味精、大料、陈皮、蚝油、淀粉、鸡汤、食用油各适量。

**制作方法**

1. 先把鸭掌剪去趾甲，放入开水内滚一滚取出，剥去外皮洗净。
2. 将陈皮切成小块状，大料切为小粒，与蚝油、鸭掌放入锅内，倒下适量鸡汤，用小火焖30分钟左右，再放入味精。临起锅前，把大料、陈皮拣去。
3. 将鸭掌取出，放在盘内，再用锅内原卤汁加少许水淀粉勾芡，淋在鸭掌上面，浇上一点熟油即可。

【营养功效】鸭掌含有丰富的胶原蛋白，和同等质量的熊掌的营养相当。鸭掌多含蛋白质，低糖，少有脂肪，是绝佳减肥食品。

**小贴士**

去鸭掌骨时，可先将其用小火煮至六成熟，再剔去骨头。

# 宫保鸡丁

**主料：**鸡胸肉350克，炸花生米50克。

**辅料：**干红辣椒15克，花椒、葱、蛋清、酱油、料酒、蒜末、香油、糖、白醋、面粉、食用油、盐各适量。

**制作方法**

1. 先将蛋清、盐及面粉搅拌均匀；再将酱油、料酒、面粉水、糖、盐及白醋、香油、蒜末调拌均匀成"调味料"。
2. 鸡胸肉先切成方块状碎丁，然后用蛋清粉汁搅拌均匀，腌30分钟，倒入热油锅中，用大火快炸到金黄色之后，捞出来沥干油。
3. 锅中留下适量油烧热，放干红辣椒，用小火炒香后，放入花椒和葱段爆香，放鸡丁，用大火快炒片刻后，再倒入"调味料"继续快炒，最后加入花生米，炒拌几下即可。

【营养功效】花生富含蛋白质和人体必需的8种氨基酸，比例适宜，还含有丰富的脂肪、卵磷脂、多种维生素以及钙、磷、铁等元素。

**小贴士**

鸡丁不要炸得太久，以免鸡肉炸得太老。

主料：嫩母鸡1只（约1000克）。

辅料：黄醋50克，料酒、葱、姜、鲜肉汤、红干辣椒、花椒、味精、盐、食用油、香油、淀粉各适量。

**制作方法**

1.将鸡宰杀，洗干净，放入汤锅内煮10分钟，至七成熟捞出，晾凉，剁去头、颈、脚爪。

2.将鸡的粗细骨全部剔除，切成长条；姜切成丝；红干辣椒切成细末；花椒拍碎；葱切成段。

3.锅内放食用油，烧至八成热时，放鸡条、姜丝、红干辣椒末煸炒，再放黄醋、料酒、盐、花椒末煸炒几下，放入清汤，焖至汤汁收干，放入葱段、味精，用水淀粉勾芡，翻炒几下，淋入香油，出锅装盘即可。

【营养功效】母鸡肉蛋白质的含量比较高，种类多，而且消化率高，并且含有对人体生长发育有重要作用的磷脂类。

**小贴士**

患有胆囊炎、胆石症的人忌食鸡肉。

主料：鹅膀750克。

辅料：卤汁1000毫升，食用油、丁香、葱、姜、酱油、盐、糖、香油、花椒、料酒各适量。

**制作方法**

1.鹅膀用盐、料酒、花椒、丁香腌一段时间，放开水锅中焯一焯，放在清水盆中，洗净。

2.炒锅内放入食用油，烧至六成热，下鹅膀逐只炸制，待表面收缩且呈金黄色时，捞出沥油。

3.炒锅留余油，葱段、姜片下锅略煸，放入卤汁、酱油、糖、适量清水和丁香，大火煮沸，小火继续煮，待鹅膀全部上色入味，卤汁稠浓，淋香油，出锅冷却，食用时将鹅膀改刀即可。

【营养功效】鹅膀含有丰富的蛋白质、维生素等，具有益气补虚、和胃止渴、止咳化痰、解铅毒等作用。

**小贴士**

鹅肉作为绿色食品，于2002年被联合国列为21世纪重点发展的绿色食品之一。

主料：嫩母鸡1250克。

辅料：黑枣、桂圆、莲子肉、荔枝、枸杞子、冰糖、胡椒粉、盐各适量。

**制作方法**

1.将净鸡放入汤锅内煮3分钟捞出，用冷水洗过，去嘴尖、脚爪，切掉下颌和尾腺，砸断大腿骨，待用。

2.将桂圆、荔枝去壳，莲子去皮去心，黑枣洗净，与整鸡同时放入瓦钵内，加适量的冰糖、盐和清水750毫升，上笼蒸约1小时，再放入洗净的枸杞子，蒸5分钟后用手勺将整鸡翻过身，撒上胡椒粉即可。

【营养功效】黑枣是干制品，营养丰富，含有蛋白质、脂肪、糖类、多种维生素等，以维生素C和钙、铁质含量最多，对贫血、血小板减少、肝炎、乏力、失眠有一定疗效。

**小贴士**

黑枣一次不宜多食，和红枣合二为一吃是保护肝脏的佳品。

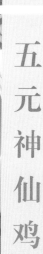

血浆鸭

主料：鸭2000克。

辅料：鲜汤200毫升，胡椒粉、姜、盐、干红辣椒、味精、葱、蒜、食用油、香油、料酒、酱油各适量。

**制作方法**

1.碗内装入料酒15毫升，把鸭宰杀，让鸭血流入碗内，搅匀，再将鸭子浸在沸水内烫一下，随即煺毛剖腹，挖出内脏，切成块。

2.生姜洗净，切成薄片；葱去根须，洗净，切小段；干红辣椒斜切成长条；蒜瓣一切两半，一并放入净碗内。

3.炒锅内放食用油，烧至七成热，加姜、葱、蒜、干红辣椒炒出香味，再倒入鸭块翻炒至收缩变白，加料酒、酱油、盐再炒，然后加鲜汤200毫升，换小火焖10分钟。

4.汤剩1/10时，淋入鸭血，边淋边炒，使鸭块粘满鸭血，加胡椒粉、味精，略炒起锅，盛入盘中，淋上香油即可。

【营养功效】鸭肉中含有较为丰富的烟酸、B族维生素和维生素E。

**小贴士**

宰杀时刀不离血管，使鸭血顺刀流入碗里。

酸辣鸭翅

主料：鸭翅600克。

辅料：萝卜50克，青椒70克，姜、盐、淀粉、葱白、蒜、鸡精、酱油、蚝油、食用油各适量。

**制作方法**

1.鸭翅洗净，从关节处斩成段，放入沸水锅内汆除血水，捞出；青椒去蒂、籽，切成滚刀块；萝卜泡酸，切成滚刀块；姜切片，葱白切段，蒜切粒。

2.沙锅置火上，加入高汤、姜片、葱白段、鸭翅煮沸，撇去浮沫，改用小火加盖焖熟。

3.炒锅置火上，加油烧至六成热，放入青椒块、泡酸萝卜块炒香，倒入沙锅内的鸭翅、原汤，放盐、蒜粒、酱油，用小火烧至鸭翅软糯，放蚝油、水淀粉勾芡推匀，加鸡精起锅装盘即可。

【营养功效】鸭肉中含有丰富的烟酸，它是构成人体内两种重要辅酶的成分之一，对心肌梗死等心脏疾病患者有保护作用。

**小贴士**

鸭肉忌与兔肉、杨梅、核桃、鳖、木耳、胡桃、荞麦同食。

麻辣仔鸡

主料：仔鸡2只，鲜红辣椒100克。

辅料：料酒、花椒、醋、香油、青蒜、醋、淀粉、酱油、食用油各适量。

**制作方法**

1.将净鸡剔除全部粗细骨，鸡肉横直划刀，切成鸡丁，盛入碗内，加少许酱油、适量的淀粉、料酒拌匀；将红辣椒洗净，去蒂去籽，切成小片；花椒拍碎；青蒜切成段。

2.烧热锅，下油，烧至七成热时，放鸡丁，推散，约20秒钟后迅速用漏勺捞起，待油温回升至七成热时，再放鸡丁，炸至呈金黄色，倒入漏勺。

3.锅内放适量油，烧至六成热时，下红辣椒、花椒、盐炒几下，放鸡丁合炒，加醋、酱油、青蒜、味精，用水淀粉勾芡，翻炒片刻，淋入香油即可。

【营养功效】鸡肉蛋白质含量较高，且易被人体吸收利用，有增强体力、强壮身体的作用。

**小贴士**

鸡肉应以鲜嫩、没有特殊气味、没有霉烂变质的为佳。

# 麻仁香酥鸭

**主料：** 鸭1只，熟猪肥膘肉50克。

**辅料：** 火腿10克，淀粉50克，鸡蛋1个，蛋清100毫升，味精、芝麻、花椒、花椒粉、葱、姜、面粉、料酒、食用油、盐、香油各适量。

**制作方法**

1. 净鸭用料酒、盐、花椒、葱和姜腌2小时，上笼蒸至八成烂，取出晾凉，切下头、翅、掌，剔净鸭骨，从腿、脯肉厚的部位剔下肉切成丝。

2. 肥膘肉洗净，煮熟，切成细丝；鸡蛋磕在碗内，放面粉、淀粉和清水50毫升，调制成糊。

3. 将鸭皮表面抹一层蛋糊，摊放在抹过油的平盘中；把肥肉丝和鸭肉丝放在余下的蛋糊内，加味精拌匀，放油锅炸至呈金黄色时捞出，盛入平盘里。

4. 将蛋清打起发泡，加淀粉，调匀成雪花糊，铺在鸭肉面上，撒上芝麻和火腿末。

5. 锅内放食用油，烧至六成热，放鸭酥炸，面上浇油淋炸至底层呈金黄色时捞出，滗去油，撒上花椒粉，淋入香油，捞出切成条，摆盘即可。

【营养功效】鸭肉含有较高的铁、铜、锌等元素。

**小贴士**

制蛋糊时要用筷子顺一个方向搅打，一气呵成，打成雪花状，以插入筷子立定不倒为度。

# 熘 皮 蛋

**主料：** 皮蛋6个。

**辅料：** 面粉、盐、味精、酱油、糖、香醋、料酒、淀粉、鸡蛋、胡椒粉、鸡汤、香油、食用油各适量。

**制作方法**

1. 鸡蛋磕入碗中，加适量盐、面粉和水淀粉搅匀成全蛋糊；将酱油、糖、香醋、味精、料酒、鸡汤、水淀粉放小碗中拌匀，兑成卤汁待用。

2. 将面粉、淀粉铺撒在长腰盘中；皮蛋剥去外壳洗净，每个切为4瓣，逐一放入盘中裹匀面粉和淀粉。

3. 锅内放食用油，大火烧至七成热，将皮蛋逐一粘上全蛋糊，入锅炸黄，沥油。

4. 锅内留底油，大火烧热，放卤汁煮沸，淋在皮蛋上，淋上香油，撒上胡椒粉即可。

【营养功效】皮蛋富含铁质、甲硫胺酸、维生素E，有泻肺热、醒酒、去大肠火、治泻痢等功效。

**小贴士**

皮蛋是透过混合纯碱、石灰、盐和氧化铅腌制的，如果经常食用，有可能引起铅中毒。

# 荷叶粉蒸鸭

**主料**：鸭1750克，肥膘肉150克。

**辅料**：大米、糯米各50克，大料5克，料酒、酱油、盐、糖、味精、葱、姜各适量。

**制作方法**

1. 肥膘肉切细丝，姜切末，葱切花。
2. 鸭子洗净去净骨，斜片成6厘米长、3厘米宽、1厘米厚的片，加肥膘肉丝、姜末、葱花、料酒、酱油、盐、糖、味精拌匀，腌约15分钟。
3. 大米、糯米加入大料，炒至呈黄色时取出，磨成粉，放入鸭片内拌匀。鸭片粘上米粉后扣摆盘内，上笼蒸酥烂。
4. 荷叶洗净，切6张，每张包入鸭肉1片，用碗扣好，上笼蒸热，食用时，取出翻扑盘内即可。

**【营养功效】**此菜富含蛋白质、脂肪、糖类、钙、磷、铁、维生素、烟酸等营养成分，具有温补强身、补中益气、健脾养胃、止虚汗等功效。

**小贴士**

法国西南部的加斯科尼人很少患心脏病，原因可能是他们惯用鸭油、鹅油做菜。

# 盐 水 肥 鸭

**主料**：鸭2000克。

**辅料**：香菜100克，盐50克，香油10克，花椒15克。

**制作方法**

1. 鸭宰杀去净毛，开膛去内脏洗净，用清水泡约4小时，泡去血水，捞出晾干水分。
2. 锅置火上，把花椒和盐炒烫，倒出晾凉。
3. 将鸭用盐揉搓，脯和腿多揉搓几遍，腹内放进一点盐，使盐沾满鸭身，腌约2天，期间翻一次。
4. 将腌的鸭取出后用清水洗一遍，放进清水锅内用小火煮熟，以能去骨为准，捞出晾凉，刷上香油，以免干裂。
5. 食用时，将鸭翅和颈骨拍松，剁成条装盘，再将腿和脯肉砍条盖在上面，淋香油，拼香菜即可。

**【营养功效】**香菜内含维生素C、胡萝卜素、维生素B$_1$、维生素B$_2$等，同时还含有丰富的苹果酸钾和矿物质，如钙、铁、磷、镁等。

**小贴士**

抹在鸭身上的盐要均匀，否则会影响口感。

# 黄焖子铜鹅

**主料：**子鹅肉500克。

**辅料：**嫩姜50克，鲜红辣椒100克，蒜瓣、食用油、杂骨汤、料酒、盐、味精、酱油、淀粉、香油各适量。

**制作方法**

1. 将去骨子鹅肉洗净，切成块；嫩姜洗净去皮，切成菱形片；鲜红辣椒洗净，去蒂去籽，切成薄片。
2. 锅内放食用油，大火烧至八成热时，下入嫩姜片炒几下，再下入子鹅肉煸炒，待煸干水时，烹入料酒，继续煸炒2分钟，放酱油、盐炒匀，加蒜瓣、杂骨汤焖15分钟，鹅肉柔软后盛入大碗。
3. 锅内放食用油，烧至六成热时，放入鲜红辣椒片、盐炒熟，再倒入子鹅肉，放入味精，用水淀粉勾芡，出锅装盘，淋入香油即可。

【营养功效】鹅肉蛋白质的含量很高，富含人体必需的多种氨基酸、维生素、微量元素，并且脂肪含量很低。

**小贴士**

焖肉时，锅盖盖严，中途不可加汤和调料，不时地晃动锅，使主料在锅内运动，以防烧糊。

# 香辣鸭脖子

**主料：**鸭脖子500克。

**辅料：**花椒、干辣椒各50克，葱、姜、大料、小茴香、丁香、桂皮、香叶、酱油、盐各适量。

**制作方法**

1. 将鸭脖子洗净后，用刀剁成段；锅中倒入清水，大火煮沸后，放入鸭脖子，再次煮沸后撇去浮沫，继续煮1分钟后捞出沥干。
2. 炒锅中放食用油，大火烧至五成热时，放葱、姜段炒出香味，放大料、干辣椒、花椒、小茴香、丁香、桂皮和香叶炒1分钟，倒入清水1000毫升。
3. 待煮沸后倒入汤锅，放入酱油、盐煮沸，放入焯好的鸭脖子，再次开锅后，盖上盖子，换中火煮30分钟。
4. 煮好后，将鸭脖子捞出，放凉。待锅中的汤冷却后把鸭脖子放入浸泡12小时，捞出风干半小时后食用。

【营养功效】鸭脖子含有丰富的蛋白质、维生素等成分，有健脾开胃、补血益气等功效。

**小贴士**

鸭脖子又名酱鸭脖，最早流传于清朝洞庭湖区的常德，经湖南流传至四川和湖北，近年来风靡全国。

# 湖南风鸡

**主料:** 母鸡1250克。

**辅料:** 盐、花椒、料酒、葱、姜、香油各适量。

**制作方法**

1. 母鸡宰杀,清洗干净;将花椒煸炒一下,与盐、料酒拌均匀,放在鸡身上反复揉搓;鸡腹内放适量盐,并粘满鸡身。

2. 将鸡置一器皿中,放在15℃左右的地方,每天翻一下,腌7～8天,然后取出抹干水分,把鸡翅撑起,用一空竹管插入肛门处,以便空气流通,然后挂在通风高处,至吹干水分为止。

3. 烹制前用盐水浸泡30分钟,再用清水将鸡内外洗净,加入葱、姜和料酒,上笼蒸熟后取出晾凉。

4. 食用时,将鸡肉去骨,撕成条或块摆入盘中,拌入时令青菜,淋些香油即可。

【营养功效】母鸡肉蛋白质的含量比较高,种类多,而且消化率高,有增强体力、强身壮体等功效。

**小贴士**

风鸡要选肉厚、油多的肥母鸡,否则风干后只有皮和骨,食而无肉。

# 油焖整鸡腿

**主料:** 鸡腿1200克,番茄300克,洋葱100克。

**辅料:** 鸡蛋2个、淀粉、醋、香菜、葱、料酒、辣椒油、盐、香油、食用油、味精各适量。

**制作方法**

1. 鸡腿洗净沥干,用料酒、盐、葱和姜腌2小时,然后上笼蒸至七成烂,取出晾凉,用刀靠着腿骨划开,在关节处切断,去掉大腿骨。

2. 鸡蛋和淀粉调匀成糊,放鸡腿挂糊;洋葱去蒂去皮,切末;香菜洗净;番茄在开水中烫过,去皮切瓣。

3. 锅内放油,中火烧至六成热,逐个放鸡腿炸酥,呈浅黄色捞出。

4. 锅中留底食用油,下入洋葱末煸炒,加盐、味精、香辣油、杂骨汤,放鸡腿焖几分钟,收浓汁,淋入香油,出锅摆盘,中间摆上香菜和番茄瓣即可。

【营养功效】番茄富含维生素、胡萝卜素、多种矿物质,还含有蛋白质、糖类、有机酸、纤维素。

**小贴士**

高血压病人、血脂偏高者、患有胆囊炎、胆石症的人忌食鸡肉。

主料：鸡腿1500克，香菜100克。

辅料：食用油、番茄酱、蛋清、料酒、淀粉、糖、葱、姜、香油、花椒、盐、味精各适量。

**制作方法**

1.葱和姜拍破；香菜摘洗干净；鸡蛋清、淀粉调制成浆。
2.用拍破的葱、姜、料酒、盐、糖、花椒将鸡腿腌2小时，上笼蒸八成烂取出晾凉，裹上鸡蛋浆；用番茄酱、糖、水淀粉适量兑成汁。
3.锅内放食用油烧至七成热，放鸡腿，中火炸酥透呈金黄色，倒入漏勺沥油；锅内留油，放葱粒炒香，放鸡腿，加兑汁，淋香油，整齐地摆在盘子周围，盘中放香菜即可。

【营养功效】淀粉主要营养成分是碳水化合物、蛋白质、膳食纤维和钙、钠、镁等矿物质。

**小贴士**

香菜的嫩茎和鲜叶有种特殊的香味，常被用作菜肴的点缀、提味。

茄汁烹鸡腿

主料：鸡翅500克，冬笋250克。

辅料：香菇50克，火腿25克，料酒、盐、葱、姜、香油、花椒各适量。

**制作方法**

1.将鸡翅洗净，用开水汆过，加料酒、拍破的葱和姜、花椒、盐、上笼蒸烂，取出晾凉，剁成三段，其中两段去净骨待用。
2.冬笋去掉老筋，剥去外壳，削去内皮，煮熟切成丝；水发香菇去蒂洗净切成丝；火腿切成丝。
3.将香菇、火腿、冬笋丝灌入已去骨的翅膀里，切去两头伸出部分，整齐扣入碗内，上笼蒸10分钟取出，晾凉；食用时，翻扣盘内，淋香油即可。

【营养功效】鸡翅所含营养物质对上皮组织及骨骼的发育、精子的生成和胎儿的生长发育都是必需的。

**小贴士**

火腿如有炒芝麻的香味，是肉层开始轻度酸败的迹象；如有酸味，表明肉质已重度酸败；如有臭味，表明火腿加工时主料已严重变质。

火腿穿鸡翅

主料：鸡1500克，竹笋200克。

辅料：红辣椒、食用油、酱油、葱、淀粉、香油、姜、大料各适量。

**制作方法**

1.鸡切块，加酱油腌5分钟；竹笋、姜切片；葱、辣椒切段；将鸡块放进热油中炸约1分钟，捞起，沥油。
2.锅中留油烧热，放进葱、姜、辣椒、大料爆香，再放鸡块、笋片、酱油、味精和高汤，大火煮沸后，改小火焖。鸡块焖熟后，排列在大碗内，再铺上笋块，拣去葱、姜、辣椒、大料，留汤汁加水淀粉勾芡。
3.将排列好的鸡块翻扣在浅盘中，浇淋汤汁及香油即可。

【营养功效】冬笋所含的多糖物质，具有一定的抗癌作用。

**小贴士**

近笋尖部的地方宜顺切，下部宜横切，这样烹制时不但易熟烂，而且更易入味。

黄焖鸡

# 左宗棠鸡

主料：鸡腿600克。

辅料：红辣椒15克，蛋清40毫升，味精、食用油、淀粉、酱油、醋、蒜、香油、姜各适量。

**制作方法**

1.鸡腿去骨后摊开，切浅斜刀纹后，再切成块状，加蛋清、酱油拌匀；红辣椒切段；蒜、姜切末。

2.将炸油烧热，放进鸡块炸熟，捞出沥油。

3.锅中留油，放辣椒炒至呈褐色，再放鸡丁，加味精、酱油、醋、蒜末、姜末拌炒均匀，最后用水淀粉勾芡，淋香油即可。

【营养功效】辣椒可以使呼吸道畅通，用以治疗咳嗽、感冒，还能杀抑胃腹内的寄生虫。

**小贴士**

鸡腿肉忌与野鸡、甲鱼、芥末、鲤鱼、鲫鱼、兔肉、李子、虾米、芝麻、菊花等一同食用。

# 蒜香鸡

主料：鸡1000克，蒜50克。

辅料：姜15克，葱7克，食用油、盐、料酒、淀粉、糖各适量。

**制作方法**

1.将鸡宰杀洗净；炒锅置大火上，下食用油烧至七成热，将鸡下锅炸至金黄色时捞出沥油。

2.把蒜瓣、盐、糖、葱结、姜片、料酒一起放在碗里拌匀，灌入鸡肚内；将鸡背向下、鸡脯向上，摆在盘内，用大火上笼蒸至酥烂取出，去掉葱、姜、蒜瓣。

3.将蒸鸡的原汤倒入炒锅中，置大火上煮沸，用水淀粉调稀勾薄芡，浇在鸡身上即可。

【营养功效】蒜香鸡属于补虚养身食疗药膳食谱之一，对改善体虚症状十分有帮助。

**小贴士**

相传古埃及人在修金字塔的民工饮食中每天必加大蒜，用于增加力气、预防疾病。

# 香辣卤鸭翅

主料：鸭翅500克。

辅料：干辣椒30克，花椒10克，姜、大料、桂皮、丁香、料酒、酱油、蜂蜜、食用油各适量。

**制作方法**

1.鸭翅洗净，过沸水焯熟，去腥味。

2.锅中倒入水，然后放入干辣椒、花椒、大料、桂皮、丁香、料酒、酱油、蜂蜜、盐、姜、食用油。

3.鸭翅入锅，小火煮40分钟，把剩下的辣椒放入锅里，熄火焖20分钟后，取出即可。

【营养功效】辣椒中维生素C的含量在蔬菜中居第一位，食用辣椒可以增加饭量、增强体力，能改善怕冷、冻伤、血管性头痛等症状。

**小贴士**

放一点食用油可以增加鸭翅口感。

主料：麻鸭1500克。

辅料：青椒、红辣椒各150克，朝天椒25克，姜片、葱段、辣椒酱、蚝油、料酒、酱油、鲜汤、红油、食用油、大料、盐、味精各适量。

**制作方法**

1.鸭砍成小块；青、红辣椒切滚刀块；朝天椒切成细粒。

2.炒锅热油，倒入鸭肉块煸炒，再下入大料、姜片、朝天椒粒和辣椒酱，随后掺鲜汤，调入盐、料酒和酱油，改小火焖烧至鸭肉软熟。

3.净锅上火，放油烧热，投入青、红辣椒块炒香，倒入鸭肉，放入蚝油、味精调好味，待汤汁浓稠时下葱段，倒入鸭血炒拌，淋红油即可。

【营养功效】麻鸭适宜营养不良、体虚、盗汗、遗精、咽干口渴者食用。

**小贴士**

麻鸭开膛去内脏后，不能用水冲洗，直接砍成小块即可，这样能保证鸭肉鲜美。

永州血鸭

主料：鸭架500克。

辅料：葱10克，姜10克，蒜10克，花椒、干红辣椒、生抽、盐、食用油各适量。

**制作方法**

1.把鸭架切成块，葱切花，姜切片，蒜切片，干红辣椒用剪刀从中间剪开。

2.起锅倒入食用油，油热后放入准备好的葱、姜、蒜、花椒、干红辣椒，翻炒一下。

3.倒入鸭架翻炒，放入盐炒匀；倒入生抽翻炒至熟，出锅即可。

【营养功效】鸭架骨中含有丰富的钙；鸭肉中的脂肪酸易于消化，所含B族维生素和维生素E较其他肉类多，能有效抵抗脚气病、神经炎和多种炎症，还能抗衰老。

**小贴士**

鸭肉与竹笋共炖食，可治疗老年人痔疮下血。因此，民间认为鸭是"补虚劳的圣药"。

吮指香辣鸭架

主料：烤鸭400克，冬瓜500克。

辅料：辣椒油30毫升，葱白25克，盐、味精、食用油、豆豉、姜、蛋清、高汤、蒜、醋、胡椒粉、淀粉、蚝油各适量。

**制作方法**

1.将烤鸭脯肉切成条；冬瓜去皮、瓤洗净，片成薄片，放入盆内加少许盐拌匀；姜切片，蒜切粒，葱白切片。

2.取冬瓜片放在菜墩铺平，放鸭条卷成卷，逐一卷完，接口处抹上蛋清淀粉黏住，摆入蒸碗内，加胡椒粉、高汤、盐，入笼用大火蒸熟取出。

3.炒锅放食用油烧至五成热，放姜片、蒜粒、豆豉炒香，滗入冬瓜鸭卷原汁加水淀粉勾芡，放醋、辣椒油、葱白片、味精、蚝油推匀，将冬瓜鸭卷扣入盘中，浇上味汁即可。

【营养功效】冬瓜含维生素C较多，且钾盐含量高，钠盐含量较低。

**小贴士**

冬瓜性寒凉，脾胃虚寒易泻者慎用；久病与阳虚、肢冷者忌食。

冬瓜鸭卷

# 腐乳炖鹅

主料：鹅肉300克。

辅料：红腐乳25克，食用油、葱、料酒、盐、味精、姜、蒜、糖、陈皮、胡椒粉、蚝油、香油各适量。

**制作方法**

1.将鹅肉洗净切块，放入沸水锅中汆一下，捞出沥水；分别将葱、姜、蒜切末；红腐乳放碗中搅拌，加入清水、料酒调匀成腐乳汁备用。

2.炒锅加食用油，大火烧至七成热时，放葱末、姜末、蒜末、腐乳汁炒出香味，加高汤煮沸，放鹅肉块、料酒、盐、糖、味精、陈皮、胡椒粉、蚝油和清水搅拌。

3.煮沸后撇净浮沫，改用中小火炖至鹅肉熟软入味，用大火收浓汤汁，淋入香油出锅即可。

【营养功效】腐乳是营养价值很高的豆制品，蛋白质含量在20%左右，同时含有丰富的钙。

**小贴士**

腐乳以大豆、料酒、高粱酒、红曲等为主料，先制成豆腐胚，再利用毛霉接种在豆腐胚上经发酵制成的。

# 腊肉葱花炒蛋

主料：腊肉250克，鸡蛋2个。

辅料：水葱20克，盐、糖、味精各适量。

**制作方法**

1.腊肉洗净，切粒待用；葱洗净切花；鸡蛋打散，搅成蛋液。

2.炒锅烧热，放腊肉炒至出油，加入鸡蛋以小火快炒，加盐、糖、味精调味，撒下葱花即可。

【营养功效】腊肉中磷、钾、钠的含量丰富，还含有脂肪、蛋白质、碳水化合物等元素，具有开胃祛寒、消食等功效。

**小贴士**

湖南腊肉是湖南著名特产。每年湖南农家都挂满了腊肉，以此迎接新一年的到来。

# 鸡肝烩莲子

主料：鸡肝200克，莲子75克。

辅料：面粉15克，盐3克，淀粉10克，清汤500毫升，酱油、花椒水、味精、葱、姜、食用油各适量。

**制作方法**

1.将鸡肝剔净筋膜，洗净后改刀切成小块，加盐、淀粉和面粉拌匀；莲子放温水里浸泡30分钟，取出后去掉莲子心，上屉蒸至熟烂，取出控水。

2.净锅放食用油烧至六成热，放入鸡肝滑炒至熟，捞出用清水洗去油分，沥干水。

3.锅置火上，放食用油烧热，用葱、姜末炝锅，加上清汤、酱油、盐、花椒水和味精煮沸，放入鸡肝和莲子，用中小火烧烩几分钟，撇去浮沫，用水淀粉勾芡即可。

【营养功效】鸡肝含有丰富的蛋白质、钙、磷、铁、锌、维生素A、B族维生素，其中铁质丰富，是补血食品中最常用的食物。

**小贴士**

鸡肝配菠菜治疗贫血最好。

主料：公鸡400克，辣椒75克，冬笋15克，干香菇10克。

辅料：酱油、葱、香油、盐、味精、姜、料酒各适量。

**制作方法**

1. 将鸡去掉头、爪、臀尖，洗净，片成两半，再用刀拍平，然后剁成条；辣椒切条；冬笋切成柳叶片；水发香菇撕成窄长条。
2. 将剁好的鸡加酱油8毫升抓匀，用九成热油下锅冲炸至深红色捞出，将油控净。
3. 锅内放底油25毫升烧热，用葱、姜爆锅，加料酒、酱油、盐、味精、清汤、鸡条煨烧。待煨烧至九成熟时加辣椒、冬笋、香菇炒熟，滴上香油翻匀，即可出锅。

【营养功效】公鸡肉性属阳，善补虚弱，适合于男性青、壮年身体虚弱者服用。

**小贴士**

长得特别大的鲜香菇不要吃，因为它们很可能是用激素催肥的。

生炒辣椒鸡

主料：鸡500克。

辅料：鲜香菇15克，食用油、酱油、淀粉、笋干、料酒、葱、姜、大料、糖、味精各适量。

**制作方法**

1. 将鸡处理干净后剁成2厘米见方的块，用酱油拌匀。
2. 锅内放食用油烧热，放入鸡块炸至呈火红色时倒出控油，摆在碗内加酱油、糖、料酒、鸡汤、大料、葱、姜上屉蒸烂，去掉葱、姜、大料。
3. 锅内放食用油烧热，放入笋干、香菇煸炒后加鸡汤放入鸡块，再加味精，用水淀粉勾芡，淋明油出锅即可。

【营养功效】鸡肉鲜嫩，香菇滑口。鸡肉对营养不良、畏寒怕冷、乏力疲劳、月经不调、贫血、虚弱等症有很好的食疗作用。

**小贴士**

动脉硬化、冠心病和高血脂患者忌饮鸡汤。

红焖鸡块

主料：凤爪300克，米粉200克。

辅料：豉汁、酱油、盐、食用油、蚝油各适量。

**制作方法**

1. 米粉中放入适量水，调制成稠状；凤爪切去趾尖，斩成两半。
2. 凤爪飞水后用油炸至深红色，捞入碗中，加入酱油、盐、食用油、蚝油拌匀，放入蒸笼中蒸30分钟。
3. 把调制好的米粉和蒸好的凤爪摆入盘中，用豉汁拌匀，再蒸10分钟即可。

【营养功效】凤爪内富含的胶原蛋白是人体所需的硬胶原蛋白，对维护骨骼的强健有很好的作用。

**小贴士**

先将凤爪放入沸水中汆烫，再加入辅料抓匀腌制，可去除鸡脚本身的异味。

米粉蒸凤爪

# 百 鸟 朝 凤

**主料：**嫩鸡1只，猪肉200克。

**辅料：**面粉100克，火腿25克，葱、熟鸡油、姜块、料酒、味精、盐、香油各适量。

## 制作方法

1.鸡入沸水中氽一下，捞出洗净；取沙锅1只，用小竹架垫底，放入葱结、姜块、火腿皮，加清水2500毫升，在大火上煮沸，放入鸡和料酒，再沸时移至小火炖。
2.猪肉剁成末，加水、盐、料酒、味精搅拌至有黏性，加香油拌制成馅料。
3.面粉揉成面团，制成小饺皮子20张放入馅料，包制成水饺并煮熟。
4.待鸡炖至酥熟，取出姜块、葱结、火腿皮和蒸架，撇尽浮沫，加入盐、味精，将水饺围放在鸡的周围，置火上稍沸，淋上熟鸡油即可。

【营养功效】火腿内含丰富的蛋白质和适量的脂肪，并含10多种氨基酸、多种维生素和矿物质。

## 小贴士

火腿肉是坚硬的干制品，炖之前涂些白糖，比较容易炖烂。

# 地 瓜 馋 嘴 鸡

**主料：**鸡肉300克，地瓜150克，青、红尖辣椒各20克。

**辅料：**盐、酱油、糖、葱花、熟白芝麻、食用油、陈醋、高汤各适量。

## 制作方法

1.鸡肉洗净，砍成小块；地瓜去皮后洗净，切成滚刀块；青、红尖辣椒洗净，切块。
2.将鸡肉块下入沸水锅中氽去血水后，捞出沥净。
3.锅内放食用油烧热，下入鸡肉炒至水分干后，再下入地瓜一起翻炒至熟，然后加入盐、酱油、糖、陈醋炒匀，再倒入高汤没过鸡肉，烧至各材料均熟，下入青、红尖辣椒、葱花、熟白芝麻再次炒匀即可。

【营养功效】地瓜有滑肠作用，可减少脂肪吸收，而且食用地瓜可增加饱腹感，减少进食欲望，从而达到减肥的目的。

## 小贴士

秋天应该多吃红薯，这样可以预防秋燥，但不要吃太多。

# 双椒鸡翅

**主料：**鸡中翅350克。

**辅料：**食用油、盐、胡椒粉、辣椒酱、老抽、料酒、淀粉、青椒、红辣椒、葱各适量。

### 制作方法

1. 鸡中翅洗净，切小块，加盐、料酒、水淀粉腌制；青椒、红辣椒均洗净，切段；葱洗净，切段。
2. 锅置火上，入食用油烧热，下入鸡中翅翻炒至变色时盛出。
3. 再热油锅，入姜片爆香后捞出，放入青、红辣椒炒香，加入鸡中翅翻炒片刻。
4. 掺入少许清水烧开，调入盐、胡椒粉、辣椒酱、老抽炒至鸡中翅熟透入味，放入葱段稍炒，起锅盛入盘中即可。

【营养功效】此菜有温中益气、补精添髓、强腰健胃等功效。

### 小贴士

尽量买个头小一点儿的鸡翅，有些大鸡翅上有好多黄色的油，影响味道进入肉中。

# 鸡蓉瑶柱双冬

**主料：**鸡胸脯肉200克，瑶柱、鲜香菇各50克，冬笋80克。

**辅料：**肥膘肉、蛋清、食用油、料酒、盐、味精、鸡汤、胡椒粉、葱、姜、淀粉、鸡油各适量。

### 制作方法

1. 一半葱切成段，余下的葱和姜拍破；将瑶柱的老筋掰去，用碗装上，放入料酒和拍破的葱、姜，加入适量的水，上笼蒸发取出，滗出原汤，稍凉后，搓散成丝；水发香菇去蒂洗净，切成细丝；冬笋洗净煮熟，切成细丝。
2. 鸡肉去筋，与肥膘片捶剁成泥，用冷鸡汤调散，加鸡蛋清、盐、味精、胡椒粉、水淀粉搅匀，加鸡汤，兑成汁。
3. 锅内放食用油，烧到七成热，放冬笋、香菇丝煸出香味，烹料酒，放盐、汤，烧干装盘待用；另用锅放入食用油烧到六成热，倒入鸡蓉汁，不断推炒熟，放瑶柱、冬笋、冬菇丝炒匀炒熟装入盘，撒葱花、淋鸡油即可。

【营养功效】瑶柱含有蛋白质、脂肪、碳水化合物、维生素A、钙、钾、铁、镁、硒等营养元素。

### 小贴士

瑶柱烹调前应用温水泡发，或用少量清水加料酒、姜、葱隔水蒸软。

# 板栗烧鸡

**主料：**带骨鸡肉750克。

**辅料：**板栗肉150克，料酒、酱油、上汤、淀粉、胡椒粉、姜片、盐、味精、香油、食用油各适量。

## 制作方法

1.将净鸡剔除粗骨，剁成方块；板栗肉洗净滤干；葱切成段；姜切成薄片。

2.锅内放食用油，烧至六成热，放板栗肉炸成金黄色，倒入漏勺滤油。

3.锅内放食用油，烧至八成热，放鸡块煸炒至水干，加料酒，放姜片、盐、酱油、上汤焖3分钟。

4.取瓦钵1只，用竹算子垫底，将炒锅里的鸡块连汤一齐倒入，放小火上煨至八成烂时加板栗肉，继续煨至软烂，再倒入炒锅，放入味精、葱段，撒上胡椒粉，煮沸，用淀粉水勾芡，淋入香油即可。

**【营养功效】**板栗不仅含有大量淀粉，而且含有蛋白质、脂肪、B族维生素等多种营养成分，素有"干果之王"的美称。

### 小贴士

新鲜板栗容易变质，吃了发霉板栗会中毒，因此变质的板栗不能吃。

# 大碗品味鸡

**主料：**鸡肉500克，木耳150克，豌豆荚50克，滑子菇50克。

**辅料：**鸡蛋2个，盐、食用油、香油、面粉、胡椒粉各适量。

## 制作方法

1.鸡肉洗净，剁成块；木耳泡发，洗净，摘成小朵；豌豆荚洗净，切段；滑子菇洗净。

2.将鸡蛋打入面粉中，再加适量水拌匀，然后下鸡块，均匀沾裹上面粉糊，然后下入油锅中炸至外皮酥脆后，捞出沥油。

3.锅中加适量水烧沸后，下入炸好的鸡肉、木耳、豌豆荚、滑子菇煮熟，加盐、胡椒粉、香油调味即可。

**【营养功效】**鸡蛋是人类最好的营养来源之一，鸡蛋中含有大量的维生素、矿物质及有高生物价值的蛋白质。

### 小贴士

从鸡蛋的外形上看，土鸡蛋个稍小、壳稍薄、色浅，较新鲜的有一层薄薄的白色的膜。

主料：鸡1200克。

辅料：啤酒500毫升，干红辣椒10克，胡萝卜20克，香菜10克，大料、桂皮、花椒、茴香、姜、大蒜、豆瓣酱、盐、味精、老抽、辣椒粉、食用油各适量。

### 制作方法

1. 鸡洗净，剁成4厘米长的条，入沸水中焯1分钟后捞出；胡萝卜切块，焯水捞出。
2. 锅内放食用油烧至六成热，放豆瓣酱、姜、大料、桂皮、花椒、茴香，大火煸香，加干红辣椒、鸡块大火爆炒10分钟，加老抽翻炒至上色，加入啤酒大火煮沸，倒入高压锅大火压8分钟。
3. 锅内加食用油烧热，放入姜、蒜末、辣椒粉煸香，加入鸡块中火煸炒1分钟，入味精、盐、胡萝卜块翻炒均匀，出锅，撒香菜段拌匀即可。

【营养功效】胡萝卜含有大量胡萝卜素，有补肝明目的作用，可治疗夜盲症。

### 小贴士

烹调胡萝卜时不要加醋，以免胡萝卜素流失。大量摄入胡萝卜素会令皮肤的色素产生变化，变成橙黄色。

主料：鸡1500克，香菜100克，西红柿250克。

辅料：盐、味精、料酒、香油、糖、葱、姜、酱油、花椒、味精、花椒粉各适量。

### 制作方法

1. 葱、姜拍破；用葱、姜、花椒粉、料酒、盐、糖、酱油、味精将鸡腌3小时，期间用铁钎在鸡腿、脯肉部分扎一些眼，使味渗透内部；香菜摘嫩叶洗净；西红柿洗净。
2. 将鸡取出，皮朝上放入烤盘内，把腌鸡的汁倒在鸡身上，并一边烤一边刷汁3次，烤至鸡熟且呈枣红色。
3. 食用时，将烤鸡取出，鸡头剁劈开，翅膀砍成两段，脚去掉爪尖，鸡身去净骨头，然后连皮带肉斜片成大片，放入盘内，摆成鸡形，淋香油，将香菜叶与西红柿拼边即可。

【营养功效】香菜能治感冒，具有利尿等功能，还能促进血液循环。

### 小贴士

如果西红柿下部长得不是圆形，而是很尖，一般就是过分使用激素所致，不要选购。

主料：鸡肉400克。

辅料：蛋清、淀粉各25克，冬菇13克，食用油、嫩姜、葱、味精、盐、香油各适量。

### 制作方法

1. 蛋清入碗内搅匀，加水淀粉、盐调匀；鸡肉斜切成薄片，放入蛋清糊内抓匀；嫩姜切成小薄片，葱切段；冬菇洗净去蒂，切成片。
2. 炒锅置大火上，放食用油烧至五成热，下鸡片走油，用筷子划散，达八成熟时倒入漏勺沥油。
3. 炒锅留底油，烧至八成热，先下姜片、冬菇、盐煸炒，再下鸡片翻炒，放入葱段、味精、肉清汤煮沸；用水淀粉勾芡，淋入香油即可。

【营养功效】嫩姜的提取物能刺激胃粘膜，引起血管运动中枢及交感神经的反射性兴奋，促进血液循环，振奋胃功能，达到健胃、止痛、发汗、解热的作用。

### 小贴士

嫩姜，又称子姜，质地脆嫩，微带辛辣，一般在夏末秋初上市。

湘西土匪鸡

烤香酥鸡

嫩姜熘鸡片

**芷江炒鸭**

主料：鸭1000克。

辅料：食用油、酱油、甜面酱、盐、料酒、干红辣椒、桂皮、姜、葱各适量。

**制作方法**

1.将鸭剁下鸭掌、鸭头留用，鸭身剁块，鸭内脏洗净，鸭血凝固切小块；红干辣椒切段；葱切短段。

2.炒锅放食用油烧热，下入鸭头、鸭掌、鸭内脏、桂皮爆香，放入鸭块炒干水分，加入料酒、盐、酱油、甜面酱煸炒至鸭肉浓香，再放入干红辣椒段、姜片、鸭血翻炒，添清水；盖盖焖至鸭肉软时，放入葱段即可。

【营养功效】鸭肉中蛋白质含量很高，同时还有维生素及多种矿物质。

**小贴士**

初加工时，不要除去鸭脚上的外皮，这样可保持其美味；鸭血与鸭肉一块炒制能增加菜品的香味。

**老姜鸡**

主料：鸡腿500克。

辅料：木耳10克，姜20克，胡萝卜、胡椒粉、食用油、香油、淀粉、鸡汤各适量。

**制作方法**

1.鸡腿剁底块，用开水焯好。

2.起锅放底油，投入鸡块煸炒，放木耳片、姜片、胡萝卜片、胡椒粉、鸡汤小火焖15分钟。

3.焖熟后，加水淀粉勾芡，淋明油、香油，出锅即可。

【营养功效】木耳中铁的含量极为丰富，故常吃木耳能养血驻颜，令人肌肤红润、容光焕发，并可防治缺铁性贫血。

**小贴士**

鲜木耳含有毒素，不可食用。温水中放入木耳，然后再加入两勺淀粉搅拌，用这种方法可以去除木耳细小的杂质和残留的沙粒。

**香卤鹅翅**

主料：鹅翅750克，卤汁1000克。

辅料：食用油、丁香、葱、姜、酱油、盐、糖、香油、花椒、料酒各适量。

**制作方法**

1.鹅翅用盐、料酒、花椒、丁香腌一段时间，放入开水锅焯水，捞出放在清水盆中，洗净。

2.炒锅内放食用油烧至六成热，下鹅翅逐只炸制，待表面收缩呈金黄色时，捞出沥油。

3.炒锅留余油，下葱段、姜片略煸，放入酱油、糖、适量清水、卤汁、丁香大火煮沸，小火继续煮，待鹅翅全部上色入味、卤汁稠浓时，淋香油，出锅冷却。食用时将鹅翅改刀，摆成原形装盘，也可整只装盘。

【营养功效】鹅肉含有人体生长发育所必需的各种氨基酸，其组成接近人体所需氨基酸的比例。

**小贴士**

久煮之后的鹅肉味道更加香美。

主料：鸡翅500克，山楂15个。

辅料：葱、姜、盐、味精、糖、料酒、酱油、淀粉、食用油各适量。

**制作方法**

1.将鸡翅洗净，斩成段，用适量料酒、酱油拌匀，腌制10分钟，沥去汁水；山楂洗净，切成两半，去核待用。

2.锅内倒食用油烧至七成热，将鸡翅沾些淀粉放入锅内，炸至枣红色时捞出控油。

3.锅内留底油，放入葱花、姜、煸香，添清水适量，放入炸鸡翅、山楂，加酱油、糖、盐、味精，煮沸后加盖，改小火焖15分钟，再改大火，收汁即可。

【营养功效】山楂含有较多的有机酸，具有收敛及化淤消滞作用。山楂还有活血化淤的作用，有助于解除局部淤血状态，对跌打损伤有辅助疗效。

**小贴士**

生山楂中所含的鞣酸与胃酸结合容易形成胃石，很难消化掉。

山楂焖鸡翅

主料：土鸡400克。

辅料：食用油、盐、胡椒粉、辣椒油、白醋、生抽、料酒、香油、红辣椒、姜、蒜苗各适量。

**制作方法**

1.土鸡洗净剁成小块，加盐、料酒腌制；红辣椒、蒜苗均洗净，切段；姜去皮洗净，切片。

2.锅内放食用油烧热，放入土鸡炒至变色后，加入姜片、红辣椒同炒。

3.注入少量高汤以大火烧沸，调入盐、胡椒粉、辣椒油、白醋、生抽，改用小火煮至入味，放入蒜苗稍煮后，淋入香油，起锅即可。

【营养功效】鸡肉味甘，性微温，能温中补脾、益气养血、补肾益精。

**小贴士**

鸡肉不可与芝麻同吃。

湘聚楼土鸡

主料：鸭肫350克，香菇150克。

辅料：青椒20克，干红辣椒10克，葱油、姜、葱、味精、鲜汤、盐、蚝油、淀粉、食用油各适量。

**制作方法**

1.鸭肫洗净，切花刀，放入高压锅内压熟取出；香菇加水、盐、葱、姜、上笼蒸熟，改刀备用；青椒切块。

2.锅内放食用油烧热，加葱油、鲜汤、鸭肫、香菇、味精、青椒块、干红辣椒、蚝油同烧。

3.待香菇入味时，加水淀粉勾芡，推匀，装盘即可。

【营养功效】香菇含蛋白质、氨基酸、脂肪、粗纤维、维生素$B_1$、维生素$B_2$、维生素C、烟酸、钙、磷、铁等成分。

**小贴士**

鸭肫和香菇不能烧得太熟烂。

香菇鸭肫

## 辣子鸡

**主料：**鸡肉400克。

**辅料：**干辣椒30克，蒜、姜片、葱段、淀粉、盐、料酒、老抽、生抽、花椒、食用油各适量。

**制作方法**

1. 将鸡洗净，斩块，以盐、生抽、料酒和少许淀粉拌匀，腌制片刻；干辣椒切碎。
2. 开锅下油，爆香蒜、姜片、葱段、干辣椒和花椒，下鸡块，大火翻炒至上色。
3. 加入老抽、生抽，继续翻炒片刻，调味即可。

【营养功效】鸡肉能温中补脾，益气养血，补肾益精，除心腹恶气。

**小贴士**

炸鸡前往鸡肉里撒盐，一定要撒足，如果炒炸鸡的时候再加盐，盐味只能附着在鸡肉的表面。

## 湘味鸡肫

**主料：**鸡肫400克。

**辅料：**盐3克，食用油、辣椒酱、生抽、料酒、米酒、香油、花椒、豆豉、青椒、红辣椒、大蒜各适量。

**制作方法**

1. 鸡肫洗净，切片，加盐、料酒腌制；青椒、红辣椒均洗净，斜切成小段；大蒜去皮，切片。
2. 锅内入食用油烧热，入花椒、蒜片、豆豉爆香后，下入鸡肫爆炒2分钟，再放入青椒、红辣椒同炒。
3. 烹入米酒，调入辣椒酱、生抽炒匀，淋入香油，起锅盛入盘中即可。

【营养功效】鸡肫有消食导滞，帮助消化的作用。

**小贴士**

洗净的鸡肫，用热水烫一遍，可以去除异味。

## 大碗鸡

**主料：**鸡肉400克。

**辅料：**红辣椒50克，葱、姜、蒜、食用油、盐、糖、花椒、大料各适量。

**制作方法**

1. 将鸡洗净，斩块；葱切段；姜去皮，切片；蒜去皮；红辣椒洗净，切圈。
2. 锅内放食用油烧至七成热，放入鸡块，翻炒至上色均匀。
3. 用大火炒至鸡块脱水发干时清出余油，留适量的底油，调中小火，放入蒜和姜片翻炒至香，放入葱段、大料、花椒、辣椒圈继续翻炒，炒至入味时放入适量的盐、糖，翻炒均匀后出锅。

【营养功效】鸡肉蛋白质含量较高，且易被人体吸收，有增强体力、强壮身体的作用。

**小贴士**

姜的表面弯曲不平，体积又小，除姜皮十分麻烦，此时可用酒瓶盖周围的齿来削姜皮，既快又方便。

主料：鸡脯肉300克。

辅料：君山银针茶1克，鸡蛋3个，百合粉40克，淀粉、盐、味精、香油、食用油各适量。

**制作方法**

1.鸡脯肉去筋膜，斜片成薄片；将蛋清盛入碗中，用力搅打成泡沫状，加百合粉、盐、味精调匀；君山银针茶用沸水100毫升冲泡2分钟，滗去水，再倒入沸水75克冲泡，晾凉。

2.锅内放食用油，中火烧至四成热，用筷子夹鸡片逐片下锅走油约15秒钟，达八成熟时倒入漏勺沥油。

3.锅内留底油，倒入鸡片，再将茶叶连水倒入，加盐和味精少许，用水淀粉调稀勾芡，持锅颠两下，出锅装盘，淋香油即可。

【营养功效】此菜含有人体所必需的活性酶，可以提高体内脂酶活性，促进脂肪分解代谢，有效控制胰岛素分泌量，促进血糖平衡。

**小贴士**

君山银针产于湖南岳阳洞庭湖中的君山，属黄茶中的珍品。

君山银针鸡片

主料：皮蛋4个。

辅料：白果8克，香菇2朵，青椒、红辣椒各1个，淀粉、鸡精、料酒、食用油、水各适量。

**制作方法**

1.香菇泡软、去蒂；青、红辣椒洗净、去蒂及籽，均切块；白果洗净；皮蛋去壳，切成4瓣，均匀沾裹淀粉备用。

2.锅中倒入400毫升食用油烧热，放入皮蛋炸至酥脆呈金黄色捞出，沥干油分备用。

3.锅中留下适量油烧热，放入白果、香菇、青椒、红辣椒、鸡精、料酒和水炒热，再加入皮蛋炒匀，即可盛出。

【营养功效】白果具有敛肺定喘、燥湿止带、益肾固精、镇咳解毒等功效。经常食用，可以扩张血管，促进血液循环，使人肌肤红润，精神焕发。

**小贴士**

白果中含微量氢氰酸，不宜过量食用，每次食10克左右，孕妇、儿童不宜食用。

生炒松花

主料：皮蛋1个，剁辣椒10克。

辅料：蒜4克，陈醋、生抽、食用油适量。

**制作方法**

1.皮蛋洗净外壳，剥开，切成大小均匀的块后，装盘；蒜去皮，洗净，切片。

2.锅中加食用油烧热，下入蒜片爆香，再下入剁辣椒炒匀，起锅盖在皮蛋上。

3.最后淋上陈醋和生抽即可。

【营养功效】皮蛋常用来辅助治疗咽喉痛、声音嘶哑、便秘等症。

**小贴士**

食用皮蛋应配以姜末和醋解毒。

剁椒皮蛋

# 鲜椒黄喉鸡

**主料:** 鸡肉350克,黄喉150克。

**辅料:** 盐、食用油、味精、老抽、辣椒酱、料酒、干红辣椒、姜片、葱段、青椒、红辣椒各适量。

### 制作方法

1.鸡肉洗净,剁成块,加盐、料酒腌制;黄喉洗净,打上花刀,切片,加盐、料酒腌制;青椒、红辣椒均洗净,切段。
2.锅内入食用油烧热,入鸡肉、黄喉翻炒至七成熟时盛出。
3.再热油锅,入干红辣椒、姜片、葱段爆香后捞出,下入青椒、红辣椒炒香,倒入鸡肉、黄喉翻炒均匀。
4.调入盐、老抽、辣椒酱炒片刻,注入适量清汤以大火烧开,再改用小火烧至食材熟透入味,待汤汁快干时,以味精调味,起锅盛入碗中即可。

【营养功效】姜具有发汗解表、温中止呕、温肺止咳、解毒等功效。

**小贴士**

生姜不宜在夜间食用。

# 红 曲 香 鸭

**主料:** 鸭1500克。

**辅料:** 香菜100克,红曲25克,大料10克,花椒、料酒、盐、糖、味精、香油、葱、姜各适量。

### 制作方法

1.鸭宰杀清洗净,开膛去内脏洗净,用盐在鸭身揉搓腌约1小时,沥水;葱、姜拍破;红曲加适量的水熬汁;香菜摘洗净。
2.将鸭下入开水锅内煮一下,捞出,洗净,放入垫底箅的沙锅内,加红曲汁、葱、姜、花椒、大料、料酒、盐、糖、味精,大火煮沸,换小火煨到鸭七成烂,取出晾凉,刷上香油,以免干裂。
3.将劲骨和翅膀用刀拍松,剁成条,装盘后再将脯肉和腿肉剁成条,盖在上面,淋香油,拼香菜即可。

【营养功效】香菜能促进胃肠蠕动,具有开胃醒脾的作用。

**小贴士**

香菜含有许多挥发油,在一些菜肴中加些香菜,能起到祛腥膻、增味道的独特功效。

# 五元蒸鸭块

**主料：** 鸭1750克。

**辅料：** 荔枝25克，桂圆20克，干红枣30克，枸杞子、莲子、料酒、冰糖、盐、胡椒粉、葱、姜、碱各适量。

**制作方法**

1.荔枝和桂圆去壳洗净；枸杞子洗净；干红枣蒸15分钟取出，撕去皮；莲子用碱去皮，去心待用；葱、姜拍破。

2.鸭子宰杀洗净，砍成4厘米见方的块，下入开水锅氽熟捞出，洗净，用汤盘装上（皮面朝上），加入汤、料酒、葱、姜、盐和冰糖，上笼蒸3小时取出，去掉葱、姜，加荔枝、桂圆、红枣、枸杞子、莲子上笼蒸1小时，食用时取出，撒上胡椒粉即可。

【营养功效】枸杞子有提高机体免疫力的作用，具有补气强精、滋补肝肾、抗衰老、止消渴、抗肿瘤等功效。

**小贴士**

枸杞子含有丰富的胡萝卜素、维生素A、维生素B$_1$、维生素B$_2$、维生素C和钙、铁等眼睛保健的必需营养，擅长明目，所以俗称"明眼子"。

# 辣椒酱煨土鸡

**主料：** 土鸡1只。

**辅料：** 红辣椒、食用油、味精、鸡精、酱油、蚝油、辣椒酱、海鲜汁、姜、葱、胡椒粉、胡椒油、红油、鲜汤各适量。

**制作方法**

1.土鸡宰杀洗净，剁成丁；红辣椒去蒂，切成斜段；姜切片；香葱切段。

2.锅内放食用油，大火烧至五成热时，下姜片煸香，再放入鸡丁炒干水，加辣椒酱、海鲜汁炒均。

3.炒约2分钟后烹入鲜汤，大火煮沸，撇去浮沫，加味精、鸡精、酱油、蚝油，转用小火煨至鸡肉软烂，再加入红辣椒段，大火收浓汤汁，撒上胡椒粉、香葱段，淋上胡椒油、红油即可。

【营养功效】土鸡肉含有丰富的蛋白质、微量元素和各种营养素，脂肪的含量比较低，对人体保健具有重要的价值。

**小贴士**

鸡屁股是淋巴最为集中的地方，也是储存病菌、病毒和致癌物的仓库，应弃掉不要。

# 香 糟 鸡 片

**主料**：鸡脯肉200克，鸡蛋1个，香糟50克。

**辅料**：水发海参25克，冬菇、豌豆、上汤、料酒、盐、鸡油、淀粉、葱、姜、食用油各适量。

### 制作方法

1. 将鸡脯肉切薄片，用蛋清、淀粉调匀；海参、冬菇均切成片；葱、姜切成片。
2. 将香糟碾碎，加上汤50毫升调匀，放入洁净的纱布袋中，将袋悬挂，下面用碗接着控落下的糟汁；将盐、料酒、上汤放入碗内，调成汁水。
3. 烧热锅，下食用油至六成热，放入鸡片滑散，捞出滤干。
4. 锅内留适量油，下葱、姜爆香，加入吊糟汁，放入鸡片、冬菇、海参、豌豆炒匀，然后加入汁水浇滚，淋上鸡油即可。

【营养功效】香糟为料酒剩下的酒糟，适量食用可以补充多种蛋白质、维生素和营养元素。

### 小贴士

水发海参时最好选用不锈钢锅具或陶瓷用品。浸泡海参的水用冷水即可，并且水要尽量多放些。

# 花 椒 鸡 丁

**主料**：鸡肉500克

**辅料**：干辣椒10克，花椒、食用油、鲜汤、料酒、酱油、糖、葱、姜、盐、味精、香油各适量。

### 制作方法

1. 将鸡洗净后，剔骨，剁成2厘米见方的丁，加料酒、酱油、盐、葱、姜片拌匀，腌制入味；干辣椒洗净，去蒂、籽，切节。
2. 锅内倒食用油烧热，将鸡丁内葱、姜去掉，滗去汁水后，下锅炸至鸡丁微带黄色时捞起，沥干油。
3. 炒锅另放油，烧热后，投入干辣椒节、花椒炒出香味，辣椒呈棕红色时倒入鸡丁，烹酱油、糖、料酒和清汤适量，中火收汁，待收干油，放入味精、香油，起锅。
4. 若热食，直接装盘；若冷食，放入盘中拨开晾冷后，用辣椒垫底，鸡丁摆在上面即可。

【营养功效】花椒气味芳香，可除各种肉类的腥膻臭气，能促进唾液分泌，增加食欲。

### 小贴士

辣椒营养价值很高，堪称"蔬菜之冠"。

# 干　锅　鸡

**主料：**鸡600克，洋葱100克，黄瓜80克。

**辅料：**盐、食用油、辣椒油、老抽、料酒、米酒、香油、姜末、青椒、红辣椒、干红辣椒、香菜叶各适量。

**制作方法**

1.鸡洗净，剁成块，加盐、料酒、姜末腌制；洋葱、青椒、红辣椒均洗净，切片；干红辣椒洗净，切段；黄瓜洗净，切块。

2.油锅烧热，放入青椒、红辣椒、干红辣椒、洋葱炒香，再入鸡块同炒片刻，加入黄瓜翻炒均匀。

3.注入少许高汤烧开，调入盐、辣椒油、老抽炒匀，倒入适量米酒焖煮至汤汁收干。

4.淋入香油，起锅将鸡肉盛入干锅中，以香菜叶装饰，带酒精炉上桌即可。

【营养功效】洋葱气味辛辣，能刺激胃、肠及消化腺分泌，增进食欲，促进消化，且洋葱不含脂肪，其精油中含有可降低胆固醇的含硫化合物的混合物。

**小贴士**

　　洋葱有橘黄色皮和紫色皮两种，最好选择橘黄色皮的，每层比较厚，水分比较多，口感比较脆。

# 酸辣魔芋烩鸭

**主料：**鸭肉、魔芋各200克。

**辅料：**盐、白醋、食用油、辣椒油、料酒、啤酒、辣椒酱、野山椒、泡椒各适量。

**制作方法**

1.鸭肉洗净，剁成小块，放入加有料酒的沸水锅中氽水后捞出；魔芋洗净，切成条，入沸水锅中焯水后捞出；野山椒切碎。

2.锅内入食用油烧热，入辣椒酱、野山椒炒香，加入鸭肉炒至出油，随后下入魔芋翻炒片刻。

3.再入泡椒炒匀，注入适量清水烧沸，倒入少许啤酒，调入盐、白醋、辣椒油拌匀，盖上锅盖，烩煮约20分钟，待鸭肉熟透入味时，起锅盛入盘中即可。

【营养功效】魔芋性温、辛，有毒，可活血化瘀、解毒消肿、宽肠通便、化痰软坚。

**小贴士**

　　食用动物性酸性食品过多的人，搭配吃魔芋，可以达到食品酸碱平衡的效果。

# 爆炒鸭四宝

**主料：** 鸭舌、鸭掌、鸭胰、鸭脯各150克。

**辅料：** 蒜苗50克，青、红尖辣椒各30克，姜、蒜各20克，盐、料酒、酱油、食用油各适量。

## 制作方法

1. 将鸭舌、鸭掌、鸭胰、鸭脯分别洗净，切块；蒜苗洗净，切段；青、红尖辣椒分别洗净，切圈；姜、蒜洗净，切末。
2. 锅内放食用油烧热，下入鸭四宝爆炒至变色后，捞出沥油。
3. 再次加油烧热，下入姜、蒜、辣椒、蒜苗爆香，再下入鸭四宝一起翻炒，最后加盐、料酒、酱油调味即可。

【营养功效】鸭肉中含有蛋白质、脂肪、钙、磷、铁、维生素B$_1$、维生素B$_2$、尼克酸等，可大补虚劳、滋五脏之阴、清虚劳之热、补血行水、养胃生津、止咳、消螺蛳积、清热健脾。

**小贴士**

鸭肉不要和木耳一起食用。

# 五彩蒸蛋

**主料：** 鸡蛋5个，胡萝卜、黄瓜、火腿各50克。

**辅料：** 盐、葱、生抽、香油、食用油各适量。

## 制作方法

1. 鸡蛋打散，冲入适量凉开水，再加入盐、香油一起拌匀。
2. 胡萝卜、黄瓜、火腿分别洗净，切成四方形小粒；葱洗净，切成圈。
3. 锅中加水烧沸，再放入鸡蛋，蒸至外表凝固时，撒上切好的食材，再蒸约5分钟取出，撒上葱花，淋上生抽即可。

【营养功效】胡萝卜含有大量胡萝卜素，进入人体后，在肝脏及小肠粘膜内经过酶的作用，其中50%变成维生素A，有补肝明目的作用，可治疗夜盲症。

**小贴士**

烹调胡萝卜时不要加醋，以免胡萝卜素损失。

水 产 类

# 水产类食品注意事项

## 鱼的营养功效

鱼类是最古老的脊椎动物，营养丰富，不同类型的鱼营养功效不同：

鲫鱼有益气健脾、利水消肿、清热解毒、通络下乳等功效；

鲤鱼有健脾开胃、利尿消肿、止咳平喘、安胎通乳、清热解毒等功效；

鲢鱼有温中益气、暖胃、润肌肤等功效，是温中补气养生食品；

青鱼有补气养胃、化湿利水、祛风除烦等功效，其所含锌、硒等微量元素有助于抗癌；

黑鱼有补脾利水、去淤生新、清热祛风、补肝肾等功效；

草鱼有暖胃和中、平肝祛风等功效，是温中补虚养生食品；

带鱼有暖胃、补虚、泽肤、祛风、杀虫、补五脏等功效，可用作迁延性肝炎、慢性肝炎的辅助治疗；

黄鳝入肝脾肾三经，有补虚损、祛风湿、强筋骨等功效，对血糖也有一定的调节作用；

泥鳅有补中益气、祛除湿邪、解渴醒酒、祛毒除痔、消肿护肝之功效。

## 食鱼注意

1.生吃鱼片易得"肝吸虫病"。

很多人都喜欢生鱼片的鲜嫩美味，殊不知生吃鱼片极易感染肝吸虫病，甚至诱发肝癌。

2.吃鱼胆解毒不成反中毒。

鱼胆汁中含有水溶性"鲤醇硫酸酯钠"等具有极强毒性的毒素，这些毒素既耐热，又不会被酒精所破坏，吃鱼胆极其危险，极易引发中毒甚至危及生命。

3.空腹吃鱼可能导致"痛风"。

痛风是由于嘌呤代谢紊乱导致血尿酸增加而引起组织损伤的疾病。绝大多数鱼富含嘌呤，如果空腹大量摄入含嘌呤的鱼肉，却没有足够的碳水化合物来分解，人体酸碱平衡就会失调，容易诱发痛风或加重痛风病患者的病情。

4.活杀现吃，残留毒素危害身体。

鱼的体内都含有一定的有毒物质。活杀现吃，有毒物质往往来不及完全排出，鱼身上的寄生虫和细菌也没有完全死亡，这些残留毒素很可能对身体造成危害。

## 处理鱼的技巧

去鳞片：抓住鱼头，最好以纸巾或干布包裹，用刀背或刮鱼鳞的专用工具沿鱼鳞及鱼鳍逆着生长的方向刮下，再用清水洗净。

划开鱼肚：以刀的尖端刺进鱼肚，再沿着边缘划开（或用剪刀剪开），划开的范围约从鳃盖下方到下腹鱼鳍前。划开的时候要将鱼肉挑高，避免划破内脏，以致苦味沾染鱼肉。

去除鱼鳃：翻开鱼鳃的外盖，用手抓住鱼鳃或用剪刀夹住鱼鳃向外拔除。鱼鳃共有四片，左右各两片，必须全部清除。

清除内脏：从划开的开口将鱼腹的内脏全部取出，取时要从靠近鱼头或鱼尾的地方用力拔除，不要用力捏住，否则会弄破内脏。

## 鱼肉烹调技巧

1.作为通乳食品时应少放盐。

2.烹制鱼肉不要放味精。

3.煎鱼不粘锅的窍门。炒锅洗净，放大火烧热，用切开的姜把锅擦一遍，然后在炒锅中放鱼的位置上淋上一勺油，油热后倒出，再往锅中加凉油，油热后下鱼煎，即可使鱼不粘锅。

4.在烹调时加入适量的肥膘肉，可以去除鱼的腥臭味，增加菜肴的香味与营养价值，并使成菜汁明油亮。

5.活宰的鱼不要马上烹调，否则，肉质会发硬，不利于人体吸收。

6.烧鱼之前，可先将鱼下锅炸一下，注意油温宜高不宜低。如炸鱼块，应裹一层薄薄的水淀粉再炸。

7.烧鱼时火力不宜大，汤以刚没过鱼为度。待汤煮沸后，改用小火煨焖，至汤浓放香时即可。

8.在煨焖过程中，要少翻动鱼。为防止巴锅，可将锅端起轻轻晃动。

9.切鱼块时，应顺鱼刺下刀，这样鱼块不易碎。

10.生拆鱼刺的方法：在鱼腮盖骨后切下鱼头，将刀贴着脊骨向里推进，鱼肚朝外，背朝里，左手抓住上半片鱼肚，批下半片鱼肚；鱼翻身，刀仍贴脊骨运行，将另半片也批下，随后鱼皮朝下，肚朝左侧，斜刀批去鱼刺。

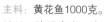

红烧黄花鱼

**主料：** 黄花鱼1000克。

**辅料：** 猪肥瘦肉、青蒜、青菜各100克，姜、葱、料酒、醋、酱油、香油、食用油、盐各适量。

**制作方法**

1. 将活黄花鱼刮去鳞，掏净内脏及鳃，在鱼身两面剖上斜直刀，用盐腌制；猪肥瘦肉切丝；青菜切段。
2. 炒锅内加食用油，中火烧至六成热，用葱段、姜片煸炒几下，倒入肉丝煸至断血，放入料酒、醋、酱油、清汤、盐烧至沸，将鱼入锅内小火熬炖20分钟，撒上青菜、青蒜，淋上香油盛汤盘内即可。

【营养功效】黄花鱼含有丰富的微量元素硒，能清除人体代谢产生的自由基，能延缓衰老。

**小贴士**

黄花鱼是我国传统"四大海产"（大黄鱼、小黄鱼、带鱼、乌贼）之一。

山药炒鱼片

**主料：** 青鱼250克，山药150克。

**辅料：** 食用油、料酒、淀粉、葱、姜、味精、盐、香油各适量。

**制作方法**

1. 将鱼肉洗净，除去鱼皮及骨刺，横切成片，加料酒与淀粉，拌匀备用。
2. 山药削去皮，洗净，切片；葱切段；姜切片。
3. 锅内加食用油烧热，加入葱段、姜片煸香后，倒入鱼片和山药片，轻轻翻炒，然后加入盐、味精，炒至鱼片及山药片熟，用水淀粉勾芡，淋上香油，略翻炒即可。

【营养功效】此菜含有丰富的蛋白质、脂肪、淀粉酶、多酚氧化酶等物质，有利于消化吸收。

**小贴士**

新鲜山药切开时会有黏液，极易滑刀伤手，可以先用清水加少许醋洗，这样可减少黏液。

蜜汁糖鲤鱼

**主料：** 鲤鱼500克。

**辅料：** 蜂蜜50克，料酒、酱油、油、葱、香油各适量。

**制作方法**

1. 将鱼清理干净，沥干水，用酱油、料酒浸渍一下。
2. 锅内放食用油烧至七成热，将鱼推入油锅炸，至表面稍干且肉质转色时捞出；待油温升高再入锅，炸至呈金黄色且外皮脆硬时，捞出沥油。
3. 炒锅留余油烧热，下葱段略煸，加酱油、料酒、蜂蜜和适量清水，烧后熬至卤汁稠浓。
4. 将鱼放入锅内，端起炒锅颠翻几下，使鱼四周均匀地粘汁，淋香油出锅，冷却后即可用。

【营养功效】鲤鱼的脂肪多为不饱和脂肪酸，能很好降低胆固醇，可以防治动脉硬化、冠心病，多吃可以健康长寿。

**小贴士**

鲤鱼忌与绿豆、芋头、牛油、羊油、猪肝、鸡肉、荆芥、甘草、南瓜和狗肉等同食。

主料：洞庭湖金龟1只，猪五花肉150克。

辅料：水发香菇25克、干红辣椒、冬笋、葱、姜、大料、胡椒粉、桂皮、香菜、糖、酱油、味精、料酒、香油、盐、食用油各适量。

**制作方法**

1. 龟宰杀去壳去骨，肉下开水烫过，除去薄膜，剁去爪尖，洗净沥水，切成块；猪肉切成片；冬笋切成梳形片；香菇去蒂洗净，切半。
2. 锅内放食用油烧热，加葱、姜煸出香味，放龟肉、猪肉煸炒，烹入料酒、酱油，加桂皮、大料、干红辣椒、盐、糖和适量清水。
3. 煮沸后撇去浮沫，倒入炒锅，换小火上煨1小时至龟肉软烂，再加入笋片、香菇、味精，撒上胡椒粉，淋入香油，盛入汤盆中，香菜盛入小碟同时上桌。

【营养功效】甲鱼是一种高蛋白、低脂肪、营养丰富的高级滋补食品，具有极高的营养价值，有养阴补血、益肾填精、止血等功效。

**小贴士**

湖南洞庭湖产金龟，其腹部呈金黄色，肉质鲜美细嫩，营养价值高。

主料：黄鳝丝350克，西芹、水发茶树菇、银芽各25克。

辅料：蒜、红辣椒、香菜末、盐、鸡精、醋、酱油、姜米、葱花、胡椒粉、干辣椒、花椒末、香油各适量。

**制作方法**

1. 将蒜蓉、姜米、葱花、香菜末、盐、鸡精、醋、酱油制成汁；将红辣椒和干辣椒切碎；西芹洗净，切丝。
2. 锅中倒入水，待水开后将银芽、西芹丝、茶树菇烫一下，装入盘中；将黄鳝丝也用沸水烫后放在三丝上，再浇上制好的汁。
3. 撒上胡椒粉、干辣椒末、红辣椒末、花椒末，浇上烧热的香油即可。

【营养功效】鳝鱼特含降低血糖和调节血糖的"鳝鱼素"，且所含脂肪极少，是糖尿病患者的理想食品。

**小贴士**

鳝鱼不宜食之过量，否则，不仅不易消化，而且还可能引发旧症。

主料：河虾350克，豆芽100克。

辅料：食用油、盐、料酒、辣椒油、生抽、白醋、红油、香油各适量。

**制作方法**

1. 河虾去头、壳，留尾壳成凤尾状，从背部片一刀，加入盐、料酒腌制入味；豆芽去头、尾，洗净。
2. 将豆芽盛入碗中，再摆入河虾，调入辣椒油、生抽、白醋、红油、香油。
3. 将备好的材料放入锅中蒸熟即可

【营养功效】豆芽能降血脂和软化血管。

**小贴士**

煮食豆芽时最好加点醋，可使蛋白质尽快凝固，既可保持豆芽体坚美观，又可保存营养。

洞庭金龟　涮椒鳝丝　川湘凤尾虾

烩酸辣鱼丝

**主料:** 净鱼肉200克,黄瓜50克。

**辅料:** 鸡蛋1个,食用油、白醋、香菜、酱油、料酒、香油、胡椒粉、葱丝、姜丝、淀粉、盐各适量。

**制作方法**

1.鱼肉切成细丝,装入碗内,加蛋清、淀粉抓匀浆好,下入四成热的油中,滑散滑透,倒入漏勺。

2.原锅留底油,用葱丝、姜丝炝锅,烹白醋,添汤,加入料酒、酱油、盐煮沸,再下入鱼丝、黄瓜丝,撇净浮沫,加味精、胡椒粉调味,用水淀粉勾薄芡,淋香油,撒上香菜即可。

【营养功效】黄瓜含有蛋白质、脂肪、糖类、多种维生素、纤维素以及钙、铁、镁等成分,可以降低胆固醇、甘油三酯的含量,常吃可以减肥和预防冠心病的发生。

**小贴士**
肝病、心血管病、肠胃病和高血压患者不要吃腌黄瓜。

---

葱辣鱼

**主料:** 鲜鱼肉400克。

**辅料:** 食用油50毫升,葱、料酒、盐、姜、胡椒粉、辣椒、鲜汤、酱油、糖、醋、香油、辣椒油各适量。

**制作方法**

1.鲜鱼肉切条形,用盐、料酒、姜、葱、胡椒粉拌匀,腌制入味后,去尽汁水和姜葱。

2.锅内烧热油,下鱼条炸至呈黄色时捞起;再放油入锅烧热,下葱段爆香,入姜片、辣椒节稍煸,加入鲜汤、盐、酱油、料酒和糖、醋,待沸下鱼条,用中火烧至汁浓将干时,加入香油、辣椒油,入盘。

3.食用时以葱垫盘底,上放鱼条,去掉姜片和辣椒节,原汁淋于鱼条上即可。

【营养功效】辣椒含有一种成分,可以通过扩张血管、刺激体内生热系统有效地燃烧体内的脂肪,加快新陈代谢,使体内热量的消耗速度加快,从而达到减肥的效果。

**小贴士**
辣椒不宜多食。

---

冬菜蒸鳕鱼

**主料:** 银鳕鱼250克,冬菜100克。

**辅料:** 食用油、鸡粉、香油、淀粉、胡椒粉、香葱末、盐各适量。

**制作方法**

1.先将银鳕鱼切大片,冬菜剁碎,加入鸡粉、香油调拌均匀放在蒸碗内备用。

2.鱼片撒上盐、胡椒粉腌制5分钟,然后拌上淀粉,放入拌好的冬菜上,上屉蒸约10分钟。

3.取出装盘,撒上香葱末,淋上熟油即可。

【营养功效】鳕鱼鱼脂中含有球蛋白、白蛋白、磷的核蛋白以及儿童发育所必需的各种氨基酸,其比值和儿童的需求量非常接近。

**小贴士**
冬菜本身有一定盐分,所以在做菜的过程中要注意盐和鸡粉的用量。

主料：白鳝200克。

辅料：红辣椒10克，盐、味精、姜、葱、食用油、生抽、蒜、胡椒粉、淀粉各适量。

**制作方法**

1.白鳝杀洗干净，切金钱片；红辣椒、姜、葱切丝；蒜切碎并用食用油炸一炸。

2.把白鳝片用盐、味精、胡椒粉、淀粉拌匀，摆入碟内。

3.用蒸锅煮沸水，放入摆好的白鳝片，以大火蒸6分钟后拿出，撒上红辣椒丝、姜丝、葱花，煮沸油淋在上面，然后加入生抽即可。

【营养功效】白鳝所含钙、铁在淡水鱼中居第一，适合老人、孕妇和婴幼儿食用。

**小贴士**

白鳝的营养价值非常高，所以被称为"水中的软黄金"，在中国以及世界很多地方均被视为滋补、美容的佳品。

主料：鲤鱼600克，猪里脊肉50克。

辅料：大白菜50克，粉丝30克，竹笋、韭黄、木耳各20克，葱、姜、酱油、食用油、料酒、胡椒粉、淀粉各适量。

**制作方法**

1.将鱼宰净；葱、韭黄切成段；姜切末；粉丝浸冷水泡软；木耳切片。

2.锅中烧热油，放入鱼炸至表面呈金黄色捞出；锅中留油烧热，放入葱段、姜片爆香，加入酱油和水煮沸，再放入料酒、胡椒粉、鱼、笋片、木耳、肉片，烧至鱼焖熟，将鱼捞起盛盘。

3.最后将粉丝、大白菜、韭菜放入锅中，加水淀粉勾芡，淋在鱼上即可。

【营养功效】此菜蛋白质含量高，人体消化吸收率可达96%，并能供给人体必需的氨基酸、矿物质、维生素A和维生素D。

**小贴士**

多食韭黄会上火且不易消化，因此，阴虚火旺、有眼病和胃肠虚弱的人不宜多食。

主料：活鱼1尾，熟五香米粉100克。

辅料：酱油、豆瓣酱、胡椒粉、五香粉、甜面酱、花椒粉、糖、白醋、料酒、香油、食用油、辣椒油、葱、姜末、盐、味精各适量。

**制作方法**

1.将鱼宰杀洗净，沥干，切成长方形块。

2.鱼肉加酱油、豆瓣酱、胡椒粉、五香粉、甜面酱、花椒粉、盐、糖、白醋、料酒、味精、香油、辣椒油、葱、姜末拌匀，加入米粉、熟食用油拌匀，腌5分钟。

3.将腌好的鱼放入竹筒，上笼蒸20分钟取出即可。

【营养功效】此菜营养丰富，富含蛋白质、脂肪、钙、磷、铁等营养物质。

**小贴士**

鱼处理后，斩去边鳍，连同头尾一起剁块。

三丝蒸白鳝　酒香焖鱼　翠竹粉蒸鱼

# 剁椒蒸鱼头

主料：大鱼头1个。

辅料：剁椒30克，尖椒、姜、油、盐、味精、蚝油各适量。

## 制作方法

1.鱼头洗净，砍成两半，中间相连；尖椒、姜分别切粒。

2.鱼头摆入碟中，将剁椒、尖椒粒、姜粒和调味料一起拌匀，铺在鱼头上面。

3.将鱼头放入蒸笼内，用大火蒸约10分钟后取出即可。

【营养功效】鱼头营养高、口味好，有助于增强男性性功能，并对降低血脂、健脑及延缓衰老有好处。剁椒含蛋白质、脂肪油、糖类、胡萝卜素、维生素C、钙、磷、铁、镁、钾等。

## 小贴士

蒸制时间依鱼头大小掌握好，以蒸至鱼眼突出为佳。

# 豆豉蒸鱼

主料：鲤鱼500克。

辅料：豆豉10克，辣椒、蒜末、姜末、葱花、酱油、盐、料酒各适量。

## 制作方法

1.鲤鱼杀好，放盘上备用；辣椒切末。

2.将姜末、豆豉、辣椒末与酱油、盐、料酒拌匀，淋在鱼身上。

3.鱼入笼蒸20分钟至熟取出，撒上葱花即可。

【营养功效】鲤鱼具有滋补身体、健胃、利水、催乳等功效。鲤鱼的脂肪多为不饱和脂肪酸，能很好降低胆固醇，可以防治动脉硬化、冠心病。

## 小贴士

将鱼洗净后，放入盆中倒一些料酒，就能除去鱼的腥味，并能使鱼滋味鲜美。

# 粉蒸草鱼头

主料：草鱼头600克，米粉120克。

辅料：盐、料酒、胡椒粉、香醋、姜米、香油、上汤、生抽、葱花各适量。

## 制作方法

1.将草鱼头切为两半，去腮洗净，用盐、料酒、姜米、胡椒粉腌制入味。

2.把腌制入味的草鱼头均匀拍上米粉，上屉蒸10分钟，取出淋明油，撒上葱花。

3.将上汤、盐、胡椒粉、香醋、生抽、香油搅匀，跟草鱼头一同上桌，供淋汁或蘸食之用。

【营养功效】草鱼具有暖胃和中、平降肝阳、祛风、治痹、截疟、益肠、明目等功效。草鱼含有丰富的不饱和脂肪酸，对血液循环有利，是心血管病人的良好食物。

## 小贴士

鱼胆可治病，但胆汁有毒，常有因吞服过量草鱼胆而中毒的事件发生。

# 麻 辣 泥 鳅

**主料:** 泥鳅300克。

**辅料:** 香葱、姜、蒜、香菜、干辣椒、食用油、红油、酱油、料酒、花椒粉、香醋、盐、味精各适量。

**制作方法**

1. 把泥鳅放入清水中养几天，排尽肠内杂物后剪去头部，清理内脏，洗净沥干后用酱油、料酒涂抹其表面和腹腔；葱、姜、蒜、香菜洗净切末；干辣椒切段。
2. 炒锅内放食用油烧至六七成热，放入泥鳅，炸至外表起脆壳，捞出沥油。
3. 锅内留底油，放入葱、姜、干辣椒煸炒出香味，放泥鳅，加酱油、盐、水煮沸入味，再加入醋、味精收干汁，撒上花椒粉，出锅后顺势撕成条，装盘，撒上香菜末，淋上红油即可。

【营养功效】泥鳅富含蛋白质、多种维生素，有补中益气、除湿退黄、益肾助阳、祛湿止泻、暖脾胃等功效。

**小贴士**
泥鳅放在装有少量水的塑料袋中，扎紧口，放在冰箱中冷冻，长时间都不会死掉，只是呈冬眠状态。

# 剁 椒 鱼 翅

**主料:** 鱼翅400克。

**辅料:** 食用油、盐、胡椒粉、料酒、蒸鱼豉油、豆豉、葱、姜、蒜、剁辣椒各适量。

**制作方法**

1. 将鱼翅处理干净，加盐、胡椒粉、料酒腌制10分钟；葱洗净，切葱花；姜、蒜均去皮，洗净，切片。
2. 锅中入食用油烧热，入剁辣椒、姜片、蒜片、豆豉一同下锅，炒出香味后，关火。
3. 将鱼翅摆入盘中，均匀淋上炒好的剁红辣椒，再淋入蒸鱼豉油。
4. 将备好的材料放入锅中以大火蒸约25分钟即可。

【营养功效】鱼翅是比较珍贵的烹调原料，但营养价值不十分高，因鱼翅所含的蛋白质中缺少一种必需的氨基酸（色氨酸），是一种不完全蛋白质。

**小贴士**
鱼翅在泡发前是白色的，做成熟食则成品呈别透的半透明状或者接近全透明状，形态十分饱满。

# 芙 蓉 鲫 鱼

**主料：** 鲫鱼2尾。

**辅料：** 熟瘦火腿、蛋清、胡椒粉、葱、姜、料酒、鸡汤、盐、鸡油、味精各适量。

### 制作方法

1. 鲫鱼清洗干净，切下鲫鱼的头和尾，同鱼身一起装入盘中，加料酒和拍破的葱姜，上笼蒸10分钟取出，头尾和原汤不动，用小刀剔下鱼肉。
2. 蛋清打散，放入鱼肉、鸡汤、鱼肉原汤，加盐、味精、胡椒粉搅匀，将一半装入汤碗，上笼蒸至半熟取出；另一半倒在上面，上笼蒸熟，即为芙蓉鲫鱼，同时把鱼头、鱼尾蒸熟。
3. 将鱼身取出，头、尾分别摆在鱼身两头，拼成鱼形，撒上火腿末、葱即可。

【营养功效】鲫鱼所含的蛋白质质优、齐全、易于消化吸收，是肝肾疾病、心脑血管疾病患者的良好蛋白质来源。

### 小贴士

将鱼洗净后，放入盆中加料酒，就能除去腥味。

# 冬笋鱿鱼肉丝

**主料：** 干鱿鱼100克，猪里脊肉150克，冬笋250克。

**辅料：** 韭黄150克，食用油、料酒、味精、香油、淀粉、盐各适量。

### 制作方法

1. 鱿鱼去明筋，烤软，从中间切断成两片，卷成筒，直切成丝，用冷水泡软洗净。
2. 猪肉去筋，切成细丝，用盐、水淀粉浆好；冬笋去壳，洗净，切成细丝；韭黄择洗干净，切成段。
3. 锅内放食用油烧热，放鱿鱼爆炒，待成卷，装入盘内；另将锅放食用油烧至五成热，放猪肉，拨散滑熟，倒入漏勺沥油。
4. 锅内留底油，放冬笋煸炒出香味，加盐、料酒、韭黄、味精炒一下，放汤，用水淀粉调稀勾芡，随即放鱿鱼、肉丝炒匀，淋香油，装盘即可。

【营养功效】鱿鱼富含钙、磷、铁元素，利于骨骼发育和造血，能有效治疗贫血。

### 小贴士

鱿鱼含多肽成分，须煮熟后再食，否则会导致肠运动失调。

# 泡 椒 牛 蛙

**主料：** 牛蛙400克。

**辅料：** 食用油、盐、胡椒粉、料酒、老抽、辣椒酱、泡椒汁、水淀粉、蒜、泡椒、姜、葱、香菜段各适量。

**制作方法**

1. 牛蛙洗净，剁成块，加盐、胡椒粉、料酒、水淀粉腌制上浆；蒜去皮，洗净；姜去皮，洗净，切片；葱洗净，切段。
2. 锅内入食用油烧热，放入牛蛙滑至断生后捞出。
3. 锅内留油烧热，放入姜片、葱段爆香后捞出，再入蒜、泡椒炒出香味，加入牛蛙，烹入盐、料酒、老抽、辣椒酱、泡椒汁炒匀，起锅盛入盘中，以香菜段饰边即可。

【营养功效】牛蛙有滋补解毒的功效，消化功能差或胃酸过多的人以及体质弱的人可以用来滋补身体。

**小贴士**

牛蛙的胆汁提取加工后可作药用。

# 焦 炸 鳅 鱼

**主料：** 活泥鳅500克。

**辅料：** 香菜100克，小红辣椒15克，料酒、食用油、盐、味精、葱、姜、花椒、糖、白醋、蒜瓣、淀粉、香油各适量。

**制作方法**

1. 泥鳅用清水洗净，沥干水分，用料酒、盐腌制，用漏勺沥去水分。
2. 小红辣椒、葱、姜、蒜瓣切成末，用味精、白醋、糖、葱、香油和水淀粉兑成汁；香菜择洗干净。
3. 炒锅倒入油烧至七成热时，放鳅鱼炸熟，捞出，切去头尾，除去内脏。
4. 食用时，将锅内的食用油烧至六成热，放泥鳅，用温火炸焦酥透捞出；锅内留油，放花椒粉和葱、姜、蒜，并加盐炒一下，加鳅鱼，倒入兑汁，颠炒几下，装入盘内，拼上香菜即可。

【营养功效】泥鳅含有蛋白质、脂肪、钙、磷等元素，有暖中益气、祛湿邪等功效。

**小贴士**

泥鳅不能与狗肉、螃蟹同食。

# 腰果熘虾仁

**主料：** 虾仁1000克，腰果100克。

**辅料：** 火腿30克，鸡蛋1个，食用油、料酒、盐、鸡汤、味精、胡椒粉、葱、姜、淀粉、鸡油各适量。

**制作方法**

1. 葱切成花，姜切成米；熟瘦火腿切成粒。
2. 虾洗净，捏住头部和尾部挤出虾仁，放入盐水中，搅拌，使虾肉上残存的薄膜脱落，再用水继续冲洗干净，沥干水分，用白净布按干水分，加蛋清、淀粉、盐调制成浆，把虾仁浆好。
3. 腰果下入油锅，用中火炸至焦脆呈金黄色时捞出待用；用鸡汤、味精、胡椒粉、水淀粉兑成汁。
4. 炒锅烧热，放食用油烧到五成热，下入虾仁，用筷子轻轻拨散滑热，倒入漏勺沥油；锅内留底油，下姜米翻炒，放虾仁、火腿、葱花，烹料酒和兑汁，加腰果，翻炒几下，装盘，淋鸡油即可。

【营养功效】腰果含有丰富的油脂，可以润肠通便、润肤美容、延缓衰老。

**小贴士**

腰果含有多种过敏源，对于过敏体质的人可能会造成一定的过敏反应。

# 姜葱炒蟹

**主料：** 蟹500克。

**辅料：** 食用油、盐、白醋、老抽、香油、淀粉、姜、葱、干辣椒各适量。

**制作方法**

1. 蟹洗净，取壳留整，其余的剁成小块；姜去皮，洗净，切片；葱洗净，切段。
2. 将盐、白醋、老抽、水淀粉调匀成味汁。
3. 锅内入食用油烧热，入干辣椒爆香后捞出，放入姜片炒香后，倒入蟹块翻炒，再入味汁炒匀，加入葱段稍炒后，淋入香油，起锅摆入盘中即可。

【营养功效】螃蟹含有丰富的蛋白质及微量元素，有清热解毒、补骨添髓、养筋活血的作用。

**小贴士**

姜葱炒蟹是一款大众式的蟹肴。以姜葱炒蟹，能使蟹的肉质更紧，更容易入味，且带出蟹的鲜美原味，肉质鲜嫩。

# 金鱼戏水

**主料：** 鲜鱿鱼300克。

**辅料：** 干竹荪15克，香菜100克，料酒、盐、味精、鸡汤、胡椒粉、葱、姜、鸡油、碱各适量。

**制作方法**

1. 鱿鱼去须，冷水浸1小时，洗净，用碱和水泡2小时，切去尾，再切成10厘宽的三角形，在尖的部分斜切刀剞十字交叉花刀；宽的部分切开成四条，斜刀剞一字花刀，再切成丝，用冷水漂去碱味。
2. 干竹荪用温水洗一遍，再用温水泡发，洗净，切段，下入开水锅汆过，用冷水漂凉；葱白切花，余下葱和姜拍破。
3. 锅内放清鸡汤、竹荪、盐、味精煮沸，调好味，撇去浮沫，将香菜叶、葱花放入汤盘内，鸡汤舀入汤盘内，淋鸡油。
4. 锅内放汤、料酒、姜、葱、盐煮沸，下鱿鱼，待卷缩时即捞出，撒上胡椒粉拌匀，倒入竹荪鸡汤内即可。

【营养功效】竹荪富含膳食纤维，具有开胃助消化的功效，同时，对肠胃疾病等具有保健作用。

**小贴士**
鱿鱼须煮熟后再食，否则会导致肠运动失调。

# 凉拌辣味海参

**主料：** 海参（水浸）800克，干香菇100克，丝瓜300克。

**辅料：** 蒜、香油、料酒、盐、味精、酱油、糖、鸡汤、胡椒粉、辣椒油、葱、姜各适量。

**制作方法**

1. 海参清去腹膜洗净，片成片，下冷水锅中煮沸捞出，再加料酒、盐，沸水汆过，倒入漏勺沥干水分，装盘晾凉，放冰箱冷藏室内。
2. 水发香菇去蒂，下入汤锅，加盐煮沸，捞出晾凉；丝瓜去粗皮，切成4条，去掉部分瓤，再切成长方块，下入开水锅汆过，捞出装盘，加香油拌匀晾凉；蒜拍破，加盐捣成泥，加香油、凉开水拌匀。
3. 锅内放香油烧至六成热时，放葱、姜煸出香味，去掉葱、姜，用碗装上，加鸡汤、酱油、味精、糖、辣椒油、胡椒粉兑成汁。
4. 将海参取出，放入香菇、丝瓜、蒜泥和兑好的调味汁拌匀即可。

【营养功效】海参钒的含量居各种食物之首，可以增强造血功能。

**小贴士**
发好的海参应反复冲洗以除去残留化学成分。

炖鳝酥

主料：鳝鱼1250克，五花肉75克。

辅料：料酒30毫升，酱油75毫升，肉清汤1000毫升，蒜60克，食用油90毫升，糖、葱白、姜片各适量。

**制作方法**

1. 将鳝鱼宰杀，切块，洗净；猪肉切成片。
2. 锅内倒入食用油烧热，放入鳝块，炸至金黄色，用漏勺捞出。
3. 将鳝块、肉片、姜片、葱白段、酱油同放锅中，舀入肉清汤，加料酒，煮沸后加糖，盖上锅盖，移至小火上炖至鳝肉酥烂即可。

【营养功效】鳝鱼含丰富的维生素A，能增进视力，促进人体新陈代谢。

**小贴士**

鳝鱼本身比较黏，洗的时候放一点盐会比较容易洗。

蒸糟鱼

主料：鲤鱼2500克。

辅料：甜酒糟1000克，花椒10克，糖150克，盐300克，料酒、食用油各适量。

**制作方法**

1. 鲤鱼洗净，从背部剖开去掉内脏，剁成长6厘米、宽6厘米的方块，盛入大瓦钵中，加入盐、花椒拌匀，腌3天。
2. 去掉花椒，揩去鱼块上的水分，放在通风处晾两天，达七成干即可。
3. 将鱼块与甜酒糟、糖、料酒拌匀，装入密封的坛内腌10天（在坛内密封的时间越长味越香）。
4. 食用时，从坛内取出糟鱼，盛入碗中，淋入适量的食用油，上笼蒸熟即可。

【营养功效】甜酒糟含有10多种氨基酸，其中有8种是人体不能合成而又必需的，故被称为"液体蛋糕"。

**小贴士**

甜酒忌与味精同食，否则可能会中毒。

面拖黄鱼

主料：大黄鱼1000克。

辅料：面粉300克，鸡蛋1个，番茄酱、食用油、盐、味精、料酒各适量。

**制作方法**

1. 黄鱼处理干净，去鳞，切头尾，鱼头去鳃，摊开；鱼身去骨，切成长条，加盐、味精、料酒、清水，腌10分钟。
2. 将面粉、鸡蛋和清水搅拌成糊状，再放进腌好的鱼块，沾裹均匀。
3. 锅内放油加热熄火，将鱼块一一放入，再开大火，炸至金黄色即可捞出，在盘中排列成鱼的形状，另备一小碟番茄酱作为蘸料即可。

【营养功效】黄鱼含有丰富的蛋白质、微量元素和维生素，对人体有很好的补益作用。

**小贴士**

黄鱼是发物，哮喘病人和过敏体质的人应慎食。

主料：鲳鱼1000克。

辅料：猪板油100克，豆豉15克，猪油30克，盐、味精、料酒、葱、姜、干红辣椒、酱油各适量。

**制作方法**

1. 鱼去内脏洗净，两面各划浅十字斜纹，再均匀抹上盐和味精；葱、姜、干红辣椒切碎。
2. 将猪油20克抹在盘底，10克抹匀鱼身，放盘中，加料酒、葱、姜、辣椒、豆豉、酱油，上盖猪板油，大火蒸至熟即可。

【营养功效】鲳鱼含有丰富的微量元素硒和镁，对冠状动脉硬化等心血管疾病有预防作用，并能延缓机体衰老、预防癌症。

**小贴士**
鲳鱼属于发物，有慢性疾病和过敏性皮肤病的人不宜食用。

豆豉蒸鲳鱼

主料：河虾500克。

辅料：红辣椒100克，青蒜150克，姜、食用油、盐、陈醋、辣椒油各适量。

**制作方法**

1. 河虾剪去须，下油锅炸焦备用；红辣椒切圈；青蒜切片；姜切米状。
2. 锅内放食用油烧热，放姜炒香，下红辣椒圈炒，加盐、陈醋，放入炸焦的河虾翻炒，淋上辣椒油，撒青蒜片，起锅即可。

【营养功效】虾中含有丰富的镁，对心脏活动具有重要的调节作用，能减少血液中胆固醇含量，防治动脉硬化，同时还能扩张冠状动脉，有利于预防高血压及心肌梗死。

**小贴士**
虾体内的虾青素有助于消除因时差反应而产生的"时差症"。

小炒河虾

主料：鸭2000克，淡菜（干）150克。

辅料：小白菜1500克，料酒50毫升，盐、味精、胡椒粉、葱、姜各适量。

**制作方法**

1. 淡菜用温水泡上，待胀透发软时洗一遍，剪去内毛和老肉，洗净泥沙，用清水泡上；葱白切段，余下葱和姜拍破；小白菜择去边叶留小苞，洗净，用开水氽过，冷水过凉。
2. 鸭宰杀洗净，由背脊骨开膛去内脏，洗净，剁成4厘米长的块，下入开水锅中煮过捞出，洗净血沫，摆入汤盘内，加淡菜、葱、姜、料酒、盐和水，用绵白纸浸湿封严，上笼蒸烂透。
3. 食用时，锅内放入白菜苞和盐，煮沸，氽过捞出，同时取出淡菜和鸭块，揭开纸，挑去葱、姜，加入味精、胡椒粉、葱白、白菜苞即可。

【营养功效】淡菜含有降低血清胆固醇的物质，其功效比常用的降胆固醇的药物谷固醇更强。

**小贴士**
淡菜是海蚌的一种，煮熟去壳晒干而成。因煮制时没有加盐，故称淡菜。

淡菜蒸鸭块

**鲫鱼蒸蛋**

主料：鲫鱼500克，鸡蛋2个。

辅料：食用油、香油、盐、酱油、料酒、鲜汤、味精、葱各适量。

**制作方法**

1 将鲫鱼宰杀洗净，在鱼体两面各剞上花刀，投入开水锅中焯一下，取出沥水，用盐把鱼腹内擦遍，抹上少许料酒。

2 将鸡蛋磕入大汤碗内，倒入适量鲜汤，调散，边搅打边放入盐、味精，后淋入油，再把鲫鱼放在蛋浆汁中(头、尾露出)，连碗上屉，用大火蒸15分钟，见蛋羹凝结如豆腐脑状时即可取出(不可蒸出蜂窝孔)。

3 另用一碗，放入葱花、酱油、香油和少量鲜汤，调成清味汁，浇在蒸好的蛋羹上即可。

【营养功效】鲫鱼含蛋白质多，脂肪少，还含有糖类、无机盐、维生素A、B族维生素、尼克酸等，有健脾利湿、和中开胃、活血通络、温中下气等功效。

**小贴士**

鲫鱼不宜和蜂蜜、猪肝、鸡肉、鹿肉以及中药麦冬、厚朴一同食用。

---

**水煮鳝鱼**

主料：鳝鱼500克，竹笋200克。

辅料：料酒、味精、酱油、食用油、盐、胡椒粉、糖、姜、葱、蒜、香油、淀粉各适量。

**制作方法**

1 将黄鳝宰杀去除内脏、洗净、斩成段；竹笋焯水至熟，取出漂冷后切成滚刀块。

2 锅内放食用油烧至五成热，放黄鳝，滑至七成熟倒入漏勺，沥净油。

3 锅中放少许油，投入蒜片煸出香味，再放姜片、葱段煸香，下黄鳝段和竹笋块，加料酒、味精、胡椒粉、酱油、糖和清水，煮沸后加盖用小火焖10分钟，大火收汁，水淀粉勾芡，淋香油即可。

【营养功效】鳝鱼中含有丰富的DHA和卵磷脂，它们是构成人体各器官组织细胞膜的主要成分，而且是脑细胞不可缺少的营养。

**小贴士**

鳝鱼血清有毒，但毒素不耐热，能被胃液和高温所破坏，一般煮熟食用不会发生中毒。

---

**辣椒炒螺蛳**

主料：螺蛳500克。

辅料：尖红辣椒2个、葱末、蒜泥、姜末、料酒、酱油、盐、味精、糖、胡椒粉各适量。

**制作方法**

1 将螺蛳放清水中泡养3天，每天换水2次，剪去螺蛳尾壳，洗净。

2 将红辣椒洗净、切碎，和入蒜泥、姜末，入油锅煎炒2~3分钟，倒入螺蛳翻炒，加料酒、酱油、糖、盐翻炒10分钟后，调入葱末、味精、胡椒粉即可。

【营养功效】此菜温经散寒、开胃消食，适用于风湿性关节炎、肥大性关节炎、慢性关节炎病人食用。

**小贴士**

螺蛳内常有寄生虫和淤泥，买回来后宜放在清水中泡养，并常换水。

主料：农家红鱼400克，鲜尖椒50克。

辅料：豆豉25克，食用油、香菜、姜、葱、香菜各适量。

**制作方法**

1.将红鱼切成6厘米长、2厘米宽的长条，排好扣放入沙钵内，内里放上姜丝、碎尖椒及打结葱。

2.蒸笼煮沸，将红鱼放入，淋食用油，下豆豉，用保鲜纸密封后，大火蒸20分钟至熟。

3.上桌前去掉保鲜纸，扣入大盘内，撒少许香菜即可。

【营养功效】辣椒温中散寒、健胃消食，对胃寒疼痛、胃肠胀气、消化不良有疗效。

**小贴士**

红鱼是湖南农民自制的一种食品，鲜香可口。鱼中加了红曲米、酱油等腌料，成品红润诱人，颇受人们喜爱。

尖椒蒸红鱼

主料：章鱼150克。

辅料：红辣椒50克，青椒30克，蒜、葱、味精、糖、料酒、香油、豆豉、食用油各适量。

**制作方法**

1.将红辣椒、青椒、葱均切成段；蒜切片；章鱼先泡水约1小时，淡化咸味后，捞出，沥干水分，切块。

2.锅内放食用油烧至温热后，放入章鱼，改用小火炸约2分钟，捞出。

3.倒出炸油，留底油烧热，放红辣椒、青椒、蒜、葱以小火爆香，至辣椒熟透放章鱼，加味精、糖、料酒、香油、豆豉，继续炒拌约1分钟即可。

【营养功效】章鱼富含天然牛磺酸，具有抗疲劳、抗衰老、延长人类寿命等功效。

**小贴士**

豆豉基本做法是将黄豆或黑豆蒸熟后，放进陶瓷器内发酵。

豉椒炒小卷

主料：鲶鱼1500克。

辅料：冬笋70克，干香菇25克，食用油、料酒、盐、醋、豆瓣辣酱、糖、酱油、味精、葱、姜、蒜、淀粉、香油各适量。

**制作方法**

1.鲶鱼刮去涎液，去掉鳃和鳍，开膛去内脏，洗净，从鱼身的中间剁断成两段，将腹内脊骨稍剁开，用盐、料酒腌一下后洗净。

2.水发香菇去蒂洗净，和去壳洗净的冬笋均切成丝；葱、姜、蒜切成末。

3.锅内放食用油烧热，把鲶鱼抹干水分，下入油锅炸到五成熟，捞出。

4.锅内留底油烧热，放冬笋、香菇、姜末、蒜末和豆瓣辣酱，炒出香辣味，再放入鲶鱼、汤、酱油、糖和味精，煮沸后用小火焖熟，用水淀粉调稀勾芡，装入鱼盘，撒上葱花，淋香油即可。

【营养功效】鲶鱼不仅像其他鱼一样含有丰富的营养，而且肉质细嫩、味美浓郁、刺少、开胃、易消化，特别适合老人和儿童。

**小贴士**

鲶鱼为发物，痼疾、疮病患者慎食。

豆瓣酱烧肥鱼

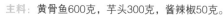

酱
椒
黄
骨
鱼

主料：黄骨鱼600克，芋头300克，酱辣椒50克。
辅料：葱花、盐、生抽、料酒、香油、食用油各适量。

制作方法

1.将黄骨鱼洗净，加盐、生抽、料酒腌渍入味；芋头去皮，洗净，再削成球状；酱辣椒剁碎备用。
2.将黄骨鱼装盘，铺上一层酱辣椒，再放上芋头。一起放入蒸锅蒸约25分钟，取出撒上葱花，再淋上香油即可。

【营养功效】芋头含有一种粘液蛋白，被人体吸收后能产生免疫球蛋白，或称抗体球蛋白，可提高机体的抵抗力。

小贴士
芋头汁易引起局部皮肤过敏，可用姜汁擦拭以解之。

茄
汁
酥
鱼

主料：鲤鱼1500克。
辅料：糖100克，番茄汁150毫升，食用油100毫升，料酒50毫升，盐、醋、香油、葱、姜各适量。

制作方法

1.鲤鱼宰杀，除去鱼的鳞、鳃、鳍、内脏并洗净，由脊背骨剖开成两片，再斜片成瓦形块，加料酒、盐腌约半小时；葱、姜都切末。
2.锅内放食用油烧热，将鱼逐块下入油锅，炸成焦酥呈金黄色，倒入漏勺沥油。
3.锅中留底食用油，下入姜末煸炒，随后下入番茄汁、糖、醋、葱花，再倒入炸好的鱼块，收汁后装盘晾凉。食用时，切成条装盘，淋香油即可。

【营养功效】鲤鱼的蛋白质含量高，质量佳，人体消化吸收率可达96%，并能供给人体必需的氨基酸、矿物质、维生素A和维生素D等。

小贴士
若加工鱼时弄破了苦胆，可快速在有苦胆的地方搽上小苏打或者酒，洗净，可去除苦味。

香
辣
麻
仁
鱼
条

主料：草鱼200克，鸡蛋75克，芝麻100克。
辅料：红辣椒20克，香菜20克，面粉、食用油、料酒、糖、葱、姜、香油、淀粉、花椒粉、盐、味精各适量。

制作方法

1.鸡蛋、面粉、淀粉和水调制成糊；红辣椒、姜切成末；葱切成花。
2.鱼肉切方条，用料酒、盐、糖、味精腌一下，放入鸡蛋糊内拌匀，逐条粘上芝麻仁，装盘；用汤、水淀粉、香油、葱花兑成汁。
3.锅内放食用油烧热，将麻仁鱼条下油锅炸酥呈金黄色，捞出沥油；锅内留油，将红辣椒末、姜末、花椒粉下入油锅炒味，倒入麻仁鱼条和兑汁，翻颠几下装盘，拼香菜即可。

【营养功效】此菜含有丰富的蛋白质和适度的脂肪、10多种氨基酸、多种维生素和矿物质。

小贴士
芝麻仁外面有一层稍硬的膜，把它碾碎才能使人体吸收到营养，所以整粒的芝麻应加工后再食。

主料：带鱼500克。

辅料：鸡蛋2个，面粉50克，食用油、盐、料酒、味精、清汤、蒜片、葱丝、姜丝各适量。

**制作方法**

1. 带鱼去掉鱼头和内脏，改刀剁成块，用清水洗净，加上料酒和盐拌匀待用；鸡蛋磕在碗里打散；将带鱼块先沾上一层面粉，再放入鸡蛋液中拌匀。

2. 净锅置火上，放食用油烧至四成热，把带鱼块放锅内，用中小火将带鱼块煎至两面浅黄色取出。

3. 把煎好的带鱼块放在盘内，加上葱丝、姜丝、蒜片、盐、料酒、味精和清汤，上屉用大火蒸10分钟，取出上桌即可。

【营养功效】带鱼的脂肪含量高于一般鱼类，且多为不饱和脂肪酸；带鱼全身的鳞和银白色油脂层中还含有一种抗癌成分6－硫代鸟嘌呤，对辅助治疗白血病、胃癌、淋巴肿瘤等有益。

**小贴士**
煎制过程中要适时翻动带鱼块，以免煎焦。

主料：田螺850克。

辅料：鸡蛋3个，香菜150克，食用油、料酒、盐、醋、糖、淀粉、味精、花椒、花椒粉、葱、姜、香油、胡椒粉各适量。

**制作方法**

1. 田螺去壳取肉摘去肠杂，先用盐和醋揉搓出涎液，再洗净涎液，用刀剞交叉十字花刀，洗净，沥水；用料酒、拍破的葱、姜以及花椒和盐腌10分钟，倒入漏勺沥干水分，去掉葱、姜和花椒，加入味精、糖和胡椒粉拌匀。

2. 鸡蛋去黄用清，搅打起泡，加淀粉调制成雪花糊。

3. 锅内放食用油烧热，熄火，田螺裹上雪花糊下入油锅，再开火，炸至表面凝固时捞出（避免螺蛳肉黏在一起），再倒入锅内，炸成酥脆呈金黄色时倒入漏勺沥净油，倒入净锅内，撒上花椒粉，淋香油炒匀，装盘，拼上香菜即可。

【营养功效】螺肉含有丰富的维生素A、蛋白质、铁和钙，对目赤、黄疸、脚气、痔疮等疾病有食疗作用。

**小贴士**
田螺肉要炒热，以防止病菌和寄生虫感染。

主料：黄鳝丝350克，银芽50克，西芹、茶树菇各25克。

辅料：红辣椒、香菜末、盐、糖、鸡精、醋、酱油、蒜蓉、姜米、葱花、胡椒粉、干辣椒、花椒末、香油各适量。

**制作方法**

1. 将蒜蓉、姜米、葱花、香菜末、盐、糖、鸡精、醋、酱油制成汁；红辣椒和干辣椒切碎；西芹洗净切丝。

2. 待水开后将银芽、西芹丝、茶树菇在锅里烫一下，装盘备用；再将黄鳝丝同样烫后放在三丝上，浇上制好的汁。

3. 撒上胡椒粉、干辣椒末、红辣椒末、花椒末，浇上烧热的香油即可。

【营养功效】此菜适用于中老年人脾胃虚弱、食欲不振、消化不良、体倦乏力等症。

**小贴士**
对于鳝鱼，有瘙痒性皮肤病者忌食；有痼疾宿病者，如支气管哮喘、淋巴结核、癌症、红斑性狼疮等患者应谨慎食用。

煎蒸带鱼块　软炸螺蛳　银芽拌鳝丝

# 酸 辣 蛇 段

**主料**: 蛇400克，花生仁适量。

**辅料**: 食用油、盐、胡椒粉、白醋、生抽、蒜、青椒、泡椒、葱白、香菜、姜片、料酒各适量。

### 制作方法

1. 蛇洗净，切段，放入加有姜片、料酒的沸水锅中汆水后捞出；葱白洗净，切段；泡椒切段；青椒洗净，切片；蒜去皮，洗净；香菜洗净，切碎；花生仁去皮，洗净，入油锅炸香后捞出。
2. 油锅烧热，入青椒、泡椒、葱白、蒜稍炒后，注入适量高汤烧沸，调入盐、胡椒粉、白醋、生抽、料酒，放入蛇段焖煮至熟，起锅盛入盘中。
3. 撒上香菜、花生仁即可。

【营养功效】蛇肉含人体必需的多种氨基酸，其中有增强脑细胞活力的谷氨酸，还有能够解除人体疲劳的天门冬氨酸等营养成分，是脑力劳动者的良好食物。

### 小贴士

生饮蛇血、生吞蛇胆是非常不卫生，可引起急性胃肠炎和寄生虫病。

# 常 德 甲 鱼 钵

**主料**: 甲鱼400克。

**辅料**: 食用油、盐、陈醋、老抽、辣椒油、料酒、蒜、红辣椒、葱各适量。

### 制作方法

1. 甲鱼洗净，剁成小块（盖留整），加盐、料酒腌制；蒜去皮，洗净；红辣椒洗净，切小段；葱洗净，切葱花。
2. 油锅烧热，入蒜瓣炒出香味后，放入甲鱼块急爆1分钟。
3. 调入盐、陈醋、老抽、辣椒油拌匀，注入少许高汤以大火烧开，放入红辣椒，再改用小火烧至甲鱼熟烂、汤汁浓稠时，转入钵仔中，将甲鱼盖覆甲鱼块上，撒上葱花即可。

【营养功效】此菜具有滋阴凉血、补益调中、补肾健骨等作用。

### 小贴士

好的甲鱼动作敏捷，腹部有光泽，肌肉肥厚，裙边厚而向上翘，体外无伤病痕迹；把甲鱼翻转，很快能翻回来。

# 椒丝拌鱼皮

主料：鳜鱼皮350克，青椒、红辣椒各100克。

辅料：盐、味精、香油、香醋、食用油、姜汁各适量。

### 制作方法

1. 鱼皮洗净，切成小块；青椒、红辣椒洗净，切成细丝。
2. 锅中加水烧开，下入鱼皮和青椒、红辣椒丝分别焯水至熟后，捞出，沥干水分。
3. 所有调料一起拌匀，淋在原料上再次拌匀即可。

【营养功效】鱼皮含有丰富的蛋白质和多种微量元素，其蛋白质主要是大分子的胶原蛋白及粘多糖，是女士养颜护肤、美容保健佳品。

小贴士

烫热的鱼皮要迅速放入冷水中浸泡，否则，鱼皮会变软，失去爽滑的口感。

# 腐乳臭干鱼

主料：鱼400克，臭豆腐200克，生菜适量。

辅料：食用油、盐、胡椒粉、辣椒油、生抽、料酒、豆腐乳、干辣椒、葱各适量。

### 制作方法

1. 鱼洗净，取肉切片，加盐、料酒腌制；臭豆腐切块，入油锅炸至金黄色捞出；干辣椒洗净，切丝；葱洗净，切段；生菜洗净，垫入碗中。
2. 锅内入食用油烧热，放入鱼片稍滑后盛出。
3. 再热油锅，放入干辣椒炒香，加入豆腐乳炒匀，注入适量高汤烧沸。
4. 调入盐、胡椒粉、辣椒油、生抽、料酒拌匀，放入臭豆腐、鱼片、葱段煮片刻后，起锅盛入有生菜的碗中即可。

【营养功效】鱼肉含有丰富的镁元素，对心血管系统有很好的保护作用，有利于预防高血压、心肌梗死等心血管疾病。

小贴士

鱼肉的肌纤维比较短，蛋白质组织结构松散，水分含量比较多，因此，肉质比较鲜嫩，和禽畜肉相比，吃起来更觉软嫩，也更容易消化吸收。

# 爆 炒 双 脆

**主料：** 鱿鱼200克，海蜇80克。

**辅料：** 食用油、盐、胡椒粉、糖、老抽、辣椒酱、白醋、香油、淀粉、葱花、青椒、红辣椒各适量。

## 制作方法

1. 鱿鱼洗净，切粗丝，氽水后捞出，沥干水分；海蜇泡发、洗净，切片，入沸水锅中稍烫后捞出，沥干水分；青椒、红辣椒均洗净，切片。
2. 取一小碗，将盐、胡椒粉、糖、老抽、白醋、香油、淀粉、葱花调匀成芡汁。
3. 油锅烧热，入青椒、红辣椒、辣椒酱稍炒后，倒入鱿鱼丝、海蜇皮以大火快速翻炒片刻。
4. 再入调好的芡汁炒匀，起锅盛入盘中即可。

【营养功效】鱿鱼富含蛋白质、钙、磷、铁等，并含有十分丰富的诸如硒、碘、锰、铜等微量元素，有滋阴养胃、补虚润肤等功效。

## 小贴士

干鱿鱼以身干、坚实、肉肥厚、呈鲜艳的浅粉色、体表略现白霜的为上品。

# 砂 锅 鲢 鱼 头

**主料：** 鲢鱼头2000克，豆腐（北）500克。

**辅料：** 猪肉100克，冬笋50克，香菇（干）20克，食用油、料酒、盐、味精、姜、胡椒粉、鸡油、鸡汤、葱各适量。

## 制作方法

1. 鱼头去鳞、鳃，洗净，加料酒、盐腌约30分钟，取出洗净滤干；猪肉、冬笋切成薄片；水发香菇去蒂，切成小块；葱白切段，余下葱和姜拍破；豆腐切4厘米长、2厘米宽的条，盛入盘中。
2. 锅内放食用油，中火烧至六成热，放鱼头煎至两面金黄，加葱、姜、冬笋片、猪肉片、香菇、清水250毫升、盐，煮沸，撇去浮沫。
3. 再倒入砂锅内煮10分钟，加鸡汤煮沸，加葱段、味精、鸡油，置小火炉上，放豆腐煮沸即可。

【营养功效】鱼头含有鱼肉中缺乏的卵磷脂，能分解出胆碱，最后合成乙酰胆碱，可增强记忆、思维和分析能力。

## 小贴士

鱼头洗净后，入淡盐水中泡一下可以去土腥味。

# 鲶鱼烧豆腐

主料：鲶鱼350克，豆腐200克。

辅料：食用油、盐、料酒、红尖椒、葱、姜、蒜各适量。

**制作方法**

1. 鲶鱼洗净，切小段，加盐、料酒腌制；豆腐稍洗后，切丁，入沸水锅中焯水后捞出；红尖椒洗净，切碎；葱洗净，切葱花；姜、蒜均去皮，洗净，切末。
2. 锅内入食用油烧热，下入鲶鱼炸至表面微黄后盛出。
3. 锅内留油烧热，入姜末、蒜末、红尖椒炒出香味，注入适量清水以大火烧开，加入炸好的鲶鱼，烹入料酒，改小火焖煮片刻。
4. 再入豆腐，调入盐、胡椒粉、糖、老抽，续烧至汤汁浓稠，淋入香油，起锅盛入盘中，撒上葱花即可。

【营养功效】鲶鱼是催乳的佳品，并有滋阴养血、补中气、开胃、利尿的作用，是妇女产后食疗滋补的必选食物。

**小贴士**
在此菜中加入少许糖可以起到提鲜的作用。

# 药制龟羊汤

主料：乌龟1000克，羊肉750克。

辅料：枸杞子、党参、附子、黄芪各15克，荔枝、桂圆、红枣（干）各10克，食用油、料酒、盐、冰糖、胡椒粉、味精、姜、葱各适量。

**制作方法**

1. 龟肉用八成热开水烫一下捞出，剥去粗皮和内脏，剁去脚爪，剁成3厘米大的块，洗净，沥干水分；枸杞子、党参、附子、黄芪洗净；荔枝、桂圆剥去壳；红枣洗净，加水上笼蒸15分钟取出，撕皮；葱、姜要拍破。
2. 羊肉去骨，洗净，下入冷水锅内煮熟捞出，用清水洗一遍，切成条。
3. 锅内放食用油烧至六成热，下入葱、姜煸炒，加龟、羊肉煸炒，烹料酒，煸干水分，除去腥膻味，加清水、盐、冰糖、胡椒粉、味精、枸杞子、党参、附子、黄芪，装入绿釉钵内，上笼蒸约八成烂时再加入荔枝、桂圆、红枣，然后蒸烂。
4. 食用时，去掉葱、姜，撒上胡椒粉，上桌即可。

【营养功效】乌龟肉含丰富蛋白质、矿物质等，能抑制肿瘤细胞，并可增强机体免疫功能。

**小贴士**
龟肉不宜与酒、果、瓜、猪肉、苋菜同食。

红
烧
鳝
片

**主料：** 活黄鳝1000克，水发笋干50克。

**辅料：** 肉清汤200毫升，蒜50克，鲜紫苏叶5克，姜、酱油、水淀粉、料酒、醋、茶油、食用油、胡椒粉、香油、味精、盐各适量。

**制作方法**

1. 黄鳝宰杀干净，切成4厘米长的片。
2. 笋干切片；紫苏叶切碎；蒜切小薄片；姜切细丝。
3. 锅内放茶油，大火烧至六成热，将鳝片下锅煸炒，至表面略焦时倒出沥油。
4. 锅内放食用油烧至六成热，下蒜片略炸，加笋干、鳝片、料酒、酱油、盐、醋、姜丝，加肉清汤煮1分钟，加紫苏叶、味精，用水淀粉勾芡，盛入盘，淋入香油，撒上胡椒粉即可。

【营养功效】黄鳝营养丰富，富有人体所必需的氨基酸、蛋白质、脂肪、钙、磷、铁及维生素A、B族维生素等，其中钙、铁含量在淡水鱼中第一。

**小贴士**
凡体质过敏、瘙痒性皮肤等患者忌食鳝鱼。

干
烧
鲳
鱼

**主料：** 鲜鲳鱼约750克，雪里蕻、冬笋各15克。

**辅料：** 清汤250毫升，糖30克，干辣椒、葱末、姜末、蒜末、酱油、食用油、味精、盐、料酒、香油各适量。

**制作方法**

1. 鲳鱼去净鳃，内脏洗净，在鱼的两面以0.6厘米的刀距剞上柳叶花刀，抹上酱油；冬笋、雪里蕻、干辣椒均改成小丁。
2. 锅内放食用油烧至九成热，下入鱼炸五成热，呈枣红色时捞出控净油。
3. 另起油锅烧热，下入料酒、葱末、姜末、蒜末、冬笋、雪里蕻、辣椒煸炒几下，加糖、酱油、盐、清汤煮沸，放入鱼，用小火烧至汁浓时，将鱼捞出放盘内；余汁加味精、香油搅匀，浇鱼上即可。

【营养功效】鲳鱼富含蛋白质及其他多种营养成分，具有益气养血、柔筋利骨之功效。

**小贴士**
小火慢烧，令滋味充分渗透于鱼肉之内，先出鱼，后收汁。成品卤汁紧抱，油润红亮。火力不要过大，避免糊底。

干
煸
鱿
鱼
丝

**主料：** 干鱿鱼10克，猪瘦肉100克。

**辅料：** 绿豆芽100克，青椒、红辣椒各1个，料酒、香油、食用油、酱油、味精、盐各适量。

**制作方法**

1. 干鱿鱼去骨和头尾，横切成细丝，用温水洗净，挤干水；猪肉切成粗丝；绿豆芽去根和芽瓣；青椒、红辣椒均切丝。
2. 锅内放食用油中火烧至六成热，放入鱿鱼丝略煸炒，烹入料酒翻炒，放肉丝合炒。
3. 再加入豆芽、青椒丝、红辣椒丝炒匀，最后放盐、酱油，炒出香味，加味精，淋上香油即可。

【营养功效】鱿鱼的营养价值极高，蛋白质含量达16%～20%，脂肪含量极低，只有1%不到，因此热量极低。

**小贴士**
因鱿鱼干含水分很少，所以煸炒要求火大、油滚烫、翻动要快。

主料：墨鱼、干笋丝各80克。

辅料：食用油、盐、胡椒粉、红辣椒、葱、高汤各适量。

**制作方法**

1. 墨鱼泡发，洗净，切丝；干笋丝泡发，洗净；红辣椒洗净，切丝；葱洗净，切段。
2. 锅内入食用油烧热，注入适量高汤烧沸，放入墨鱼炖20分钟。
3. 再入笋丝同炖30分钟，调入盐、胡椒粉拌匀，放入红辣椒、葱段煮片刻，起锅盛入盘中即可。

【营养功效】墨鱼味咸、性平，入肝、肾经，具有养血、通经、催乳、补脾、益肾的功效。

**小贴士**

墨鱼与茄子相克。

墨鱼笋丝

主料：草鱼500克。

辅料：油菜心50克，葱、姜、味精、料酒、紫菜、盐、胡椒粉、食用油各适量。

**制作方法**

1. 草鱼去鳞、鳃，从背后部剖开去内脏，斩断头尾，剔去脊骨粗刺，鱼肉切成约4厘米长、2厘米宽、1厘米厚的条，加盐、料酒浸5分钟，再用清水洗净。
2. 紫菜用清水浸泡2分钟，洗去泥沙，撕成小块；油菜心洗净。
3. 锅内放食用油烧热，放菜心煸熟，盛入大汤碗内。
4. 炒锅置大火上，放入冷水750毫升、鱼条、葱结、姜片、料酒、姜，加油、味精、紫菜，煮沸，倒入大汤碗内，撒上胡椒粉即可。

【营养功效】草鱼含有丰富的不饱和脂肪酸，对血液循环有利，是心血管病人的良好食物。

**小贴士**

草鱼要新鲜，煮时火候不能太大，以免把鱼肉煮散。

紫菜氽鱼

主料：海蟹500克

辅料：鸡蛋1个，食用油、料酒、盐、味精、五香粉、淀粉、面粉、香油、葱、姜各适量。

**制作方法**

1. 先将螃蟹用清水洗一遍，再将蟹的背壳和底板剁掉，大的切三刀成6块，小的切成两刀成4块（不要弄掉蟹脚），用料酒和盐把蟹腌上；葱切成花；姜切成粒。
2. 将腌蟹沥干水分，撒上味精，用鸡蛋、面粉、水淀粉和适量的水调制成糊，把蟹裹上糊。
3. 锅内放油煮沸，用筷子将上糊的蟹逐块下入油锅炸焦酥呈金黄色，然后滗去油，加入葱花、姜米、五香粉和香油，颠几下便装入盘内。

【营养功效】螃蟹含有丰富的蛋白质及微量元素，对身体有很好的滋补作用。螃蟹还有抗结核作用，吃蟹对结核病的康复大有补益。

**小贴士**

螃蟹的鳃、沙包、内脏含有大量细菌和毒素，吃时一定要去掉。

焦炸螃蟹

杂鱼河虾螺蛳

主料：小鱼250克，河虾100克，螺蛳150克。

辅料：食用油、盐、老抽、白醋、辣椒油、料酒、姜片、葱段、干辣椒、红辣椒各适量。

**制作方法**

1.小鱼、河虾、螺蛳均洗净，加盐、料酒拌至入味；干辣椒洗净，切小段；红辣椒洗净，切丝。
2.油锅烧热，入姜片、葱段爆香后捞出，再入干辣椒炒香，下入螺蛳翻炒片刻。
3.注入适量清水烧开，加入小鱼、河虾同煮至熟。
4.调入盐、老抽、白醋、辣椒油煮至食材入味，入红辣椒丝稍煮，起锅即可。

【营养功效】螺蛳能解酒热、消黄疸、清火眼。

**小贴士**
螺蛳买后先用清水养几日，再洗净食用。

锅仔甲鱼

主料：甲鱼400克。

辅料：盐4克，食用油、胡椒粉、蚝油、辣椒酱、红油、香油、料酒、蒜、红辣椒、姜片、大料各适量。

**制作方法**

1.甲鱼洗净，剁成块；蒜去皮，洗净；红辣椒洗净，切段。
2.锅置火上，入油烧热，放入姜片、大料爆香后捞出，再入蒜瓣、红辣椒炒香，倒入甲鱼，烹入料酒，翻炒至甲鱼八成熟时，加盐、胡椒粉、蚝油、辣椒酱翻炒均匀。
3.注入适量高汤，大火烧沸后撇去浮沫，转用小火煨至甲鱼熟烂，再用大火收浓汤汁，淋入红油、香油，转入锅内即可。

【营养功效】甲鱼是一种高蛋白、低脂肪的滋补品，具有滋阴凉血、补益调中等功效。

**小贴士**
肝病患者忌食甲鱼。

红烧小丫鱼

主料：丫鱼400克。

辅料：食用油、盐、糖、陈醋、老抽、料酒、香油、辣椒酱、姜片、蒜瓣、红辣椒、葱各适量。

**制作方法**

1.丫鱼洗净，红辣椒洗净，切圈，葱洗净，切段。
2.锅内放食用油烧热，入姜片、蒜瓣爆香后捞出，再入红辣椒、辣椒酱煸香，注入适量清水烧沸，调入盐、糖、陈醋、老抽、料酒拌匀。
3.放入丫鱼，以中火烧至汤汁浓稠时加入葱段，淋入香油，起锅盛入碗中即可。

【营养功效】此菜具有利小便、消水肿、祛风、醒酒等功效。

**小贴士**
丫鱼忌与中药荆芥同食。

蔬 菜 类

# 蔬菜类食物注意事项

## 减少蔬菜中农药残留妙招

　　蔬菜，是指可以烹饪成为食品的，除了粮食以外的其他植物（多属于草本植物）。蔬菜是人们日常饮食中必不可少的食物之一。蔬菜可提供人体所必需的多种维生素和矿物质。

　　在现在大规模种植过程中，需要经常使用农药杀虫、去杂草等。蔬菜上市后，往往会残留一些农药，不但影响其营养价值，更直接对人体造成伤害，因此应注意采用适当方法来减少农药残留。

　　1.充分洗涤浸泡。由于用于蔬菜上的农药多数是水溶性的，通过洗涤浸泡可减少农药残留，因此，烹饪加工前应用清水充分冲洗掉表面污物，一般应洗3次以上，洗净后再用清水浸泡20～30分钟即可。

　　2.烫泡。把用清水清洗过的蔬菜置沸水中烫泡2分钟，一些农药会随着温度升高而加快分解，可有效去除蔬菜表面的大部分农药。

　　3.清洗去皮。对于带皮的蔬菜，外皮农药残留大于内部，可以削去皮层，食用肉质部分，这样既可口又安全。

　　4.适当储存。某些农药在存放过程中会随着时间的推移，缓慢地分解为对人体无害的物质，所以，蔬菜适当存放一段时间，可减少农药残留。

　　蔬菜种类繁多，生物特性不尽相同，因而其贮存要求也各不相同，如叶菜类、豇豆、四季豆、黄瓜等可洗净后沥干水分，放入保鲜袋后放冰箱保存，但不宜过久。

　　蔬菜的贮存应保持其完整、无损伤，并按其生物特性采取相应的贮存方法，如茄子怕水、大葱喜凉、胡萝卜好低温潮湿、土豆宜干燥通风防发芽等。

## 蔬菜的健康吃法

### 西红柿

西红柿要在餐后吃。西红柿既可以生吃，又可以熟食，有些人把它当作水果吃。科学研究表明，餐后吃西红柿可使胃酸和食物混合，大大降低酸度，避免胃内压力升高引起胃扩张。

### 胡萝卜

胡萝卜不要与萝卜混合吃。不要把胡萝卜与萝卜一起磨成泥酱，因为，胡萝卜中含有能够破坏维生素C的酵素，会把萝卜中的维生素C完全破坏掉。

### 香菇

香菇需洗净并浸泡后才能煮着吃。如果在吃前不用水浸泡会损失很多营养成分。煮蘑菇时不能用铁锅或铜锅，以免造成营养损失。

### 豆芽

豆芽要炒熟吃。豆芽质嫩鲜美，营养丰富，吃时一定要炒熟，否则，食用后会出现恶心、呕吐、腹泻、头晕等不适反应。

### 菠菜

菠菜不宜过量食用。菠菜中含有大量草酸，草酸在人体内会与钙和锌生成草酸钙和草酸锌，影响钙和锌在肠道的吸收，还会影响智力发育。

### 韭菜

韭菜炒熟后不宜存放过久。韭菜最好现做现吃，不能久放。如果存放过久，其中大量的硝酸盐会转变成亚硝酸盐，引起毒性反应。另外，消化不良者也不能吃韭菜。

### 绿叶蔬菜

久焖的绿叶蔬菜不宜吃。绿叶蔬菜不宜长时间焖煮，否则，绿叶蔬菜中的硝酸盐将会转变成亚硝酸盐，诱发食物中毒。

# 湘味蒸丝瓜

主料：丝瓜400克。

辅料：粉丝50克，剁辣椒20克，葱末、料酒、蚝油、糖、食用油各适量。

**制作方法**

1. 粉丝提前在凉水中泡发备用；丝瓜去皮切块，浸入凉水中以防氧化变黑。
2. 锅中倒食用油，烧至六成热，放葱花和剁辣椒翻炒出香味，加入料酒、蚝油、糖翻炒均匀，关火备用。
3. 将泡好的粉丝码在盘中，铺上丝瓜块，再将剁辣椒放在上面，上笼蒸10分钟左右即可。

【营养功效】丝瓜有抗坏血病、抗病毒、抗过敏、健脑、美容等功效。丝瓜中维生素B等含量高，有利于幼儿大脑发育及中老年人大脑健康，所含物质对乙型脑炎病毒有明显预防作用。

**小贴士**

烹制丝瓜时应注意尽量保持清淡，油要少用、用味精或胡椒粉提味即可。

# 酸辣莴笋

主料：莴笋500克。

辅料：盐、米醋、糖、香油、花椒、干辣椒各适量。

**制作方法**

1. 将莴笋竖刀切开，切成丝码入盘内，撒上盐、糖腌30分钟，沥干水分备用。
2. 锅置中火上放入香油烧热，投入花椒炸出香味，放入干辣椒炸至呈金黄色离火；将干辣椒摆在莴笋片上，再将油倒在上面。
3. 另起锅置中火上，放入适量糖、盐、米醋烧开，浇在莴笋丝周围即可。

【营养功效】莴笋含有多种维生素和矿物质，有利尿通乳、强壮机体、防癌抗癌等功效，其所含有机化合物中富含人体可吸收的铁元素，对缺铁性贫血病人十分有利。

**小贴士**

莴笋怕咸，盐要少放才好吃。

# 油辣冬笋

主料：冬笋300克。

辅料：味精、盐、酱油、辣椒油、花椒、杂骨汤、食用油各适量。

**制作方法**

1. 冬笋洗净，在清水中煮熟，捞出，从中切开，用刀背拍松，切成条。
2. 炒锅内放食用油烧至七成热，下冬笋、花椒煸炒30秒钟，再下酱油、盐炒几下，注入100毫升杂骨汤，加味精焖2分钟，收干汤汁，盛入盘中，淋上辣椒油，拌匀待凉，装盘即可。

【营养功效】冬笋有利九窍、通血脉、化痰涎、消食积等功效，其所含粗纤维对肠胃有促进蠕动的功用，对防治便秘有一定的效用。

**小贴士**

要注意炒冬笋的时候油温不能太热，否则不能使笋里热外白。儿童、尿结石者、肾炎患者不宜多食冬笋。

主料：苦瓜1000克。

辅料：味精、蒜、葱、食用油、豆豉、盐、香油、辣椒油各适量。

**制作方法**

1.苦瓜切成均匀的筒状，然后放入开水中焯过，捞出来放到冷水内，去籽，挤干水分后改成块。

2.蒜剥去皮并洗净切片；葱切花；豆豉用开水泡出味。

3.锅内放食用油烧热，下入苦瓜煎至两面呈金黄色，再放入蒜片、盐、辣椒油、味精、豆豉和水焖入味，收干汁，放香油和葱花，装盘即可。

【营养功效】苦瓜中的苦瓜苷、苦味素以及大量的维生素C，有清热祛暑、明目解毒、利尿凉血、解劳清心、益气壮阳等功效。

**小贴士**

苦瓜可不焯水，切片后用盐稍腌，轻轻挤去水分，然后再烹，质味皆佳。

煎焖苦瓜

主料：包心菜650克。

辅料：干辣椒15克，花椒、蒜、香菜、食用油、鸡粉、生抽、盐各适量。

**制作方法**

1.包心菜洗净，掰去老叶，撕成片状；干辣椒切成丁，蒜剁成末。

2.烧热油，加入蒜末、干辣椒和花椒粒，改小火炒至香气四溢时倒入包心菜，开大火快炒至菜叶稍软略呈半透明状，加入鸡粉、生抽和盐炒匀入味。

3.将炒好的包菜盛入盘中，放上香菜叶点缀即可。

【营养功效】包菜富含吲哚类化合物、萝卜硫素、维生素U、维生素C和叶酸，有壮筋骨、利脏器、祛结气、清热止痛等功效，特别适合动脉硬化、胆结石症患者、肥胖症患者食用。

**小贴士**

包菜遇热会出水，拌炒时不宜再加水，否则会冲淡麻辣之味，包菜也不够鲜甜。

手撕包菜

主料：嫩豆角400克。

辅料：小虾米15克，葱花、香油、料酒、盐、味精、食用油、鸡汤各适量。

**制作方法**

1.将嫩豆角洗净，切段；小虾米洗净，用温水泡软，捞出沥干。

2.锅中放食用油，烧至六成热，放入嫩豆角炸至皱，捞出沥干油。

3.锅内留底油，放入葱花、小虾米略煸炒，放入嫩豆角拌炒，加入料酒、味精、鸡汤、盐，大火炒至汁干，再翻炒片刻，淋上香油即可。

【营养功效】豆角富含蛋白质、碳水化合物、钙、磷、铁、锌等，有补肾健胃、健脾利尿、减肥等功效。

**小贴士**

豆角焯水时加入少许盐和色拉油，可以使豆角颜色更绿、口感更鲜嫩。豆角一定要炸熟，以防止中毒。

金钩嫩豆角

# 腐竹拌菠菜

**主料：** 菠菜250克，水发腐竹150克。

**辅料：** 花椒油、味精、盐、姜末各适量。

**制作方法**

1. 泡发的腐竹挤干水分，切成段，加花椒油、盐、味精，拌匀摆在盘中。
2. 菠菜择洗干净，放入沸水中稍烫去生，捞出用凉开水过凉，挤干水分，切成段，放入盘中。
3. 在菠菜中加入花椒油、盐、味精，再与腐竹拌匀，最后撒上姜末即可。

**【营养功效】** 菠菜中含有丰富的胡萝卜素、维生素C、钙、磷及一定量的铁、维生素E等有益成分，有补血止血、利五脏、通肠胃、调中气、活血脉、止渴润肠、敛阴润燥、滋阴平肝等功效。

**小贴士**
菠菜要选用叶嫩棵小的，且保留菠菜根。

# 火腿炒茄瓜

**主料：** 火腿50克，茄子150克。

**辅料：** 青、红辣椒各1只，姜、食用油、盐、味精、糖、蚝油、香油、生抽、淀粉各适量。

**制作方法**

1. 火腿切片；茄子去皮，切条；青椒、红辣椒切片；姜切片。
2. 烧锅下油，放入姜、青椒、红辣椒、盐、火腿片炒至入味断生时，加入茄子、味精、蚝油、生抽，用大火爆炒，然后用湿淀粉打芡，淋入香油，翻炒几下出锅即可。

**【营养功效】** 茄子含丰富的维生素P，这种物质能增强人体细胞间的黏着力，增强毛细血管的弹性，降低毛细血管的脆性及渗透性，防止微血管破裂出血。

**小贴士**
茄子紫皮中含有丰富的维生素E和维生素P，这是其他蔬菜不能比的，食用时最好留皮。

# 椒盐芋头丸

**主料：** 芋头1000克。

**辅料：** 鸡蛋3个，虾米50克，食用油、盐、味精、胡椒粉、花椒粉、香油、葱、淀粉各适量。

**制作方法**

1. 虾米泡发，切成末；葱白切成花；芋头削去皮并洗净，上笼蒸熟，取出后放在砧板上，用刀压成泥，加入鸡蛋、虾米末、葱花、盐、味精、胡椒粉和干淀粉搅匀。
2. 将芋头泥挤成直径3厘米长的丸子，下入烧热的食用油油锅，炸至焦酥呈金黄色，捞出，沥油，加入花椒粉和香油，装盘即可。

**【营养功效】** 芋头含有一种黏液蛋白，被人体吸收后能产生免疫球蛋白，可提高机体的抵抗力。

**小贴士**
芋头含有较多的淀粉，一次吃得过多会导致腹胀。

主料：野鸡400克，韭黄500克。

辅料：鸡蛋1个，食用油100毫升，料酒、盐、味精、胡椒粉、葱、姜、淀粉、香油各适量。

**制作方法**

1. 韭黄一根一根地撕去皮，切成4厘米长，洗净，沥水；葱、姜捣烂，用料酒取汁；鸡蛋去黄留清。
2. 鸡脯肉剔去筋，切成片，再切丝，用葱姜酒汁、盐、蛋清、水淀粉调匀浆好，拌上一点香油。
3. 锅烧热，放食用油烧到五成热时放鸡丝，用筷子拨散滑熟，倒入漏勺沥油。
4. 锅内留底油，放韭黄，加盐炒一下，加味精、胡椒粉和汤，用水淀粉勾芡，加鸡丝翻炒几下，淋香油，装盘即可。

【营养功效】韭黄含有一定量的胡萝卜素，对眼睛以及人体免疫力都有益处。

**小贴士**
韭黄容易熟，炒制时间不要过久。

韭黄熘野鸡丝

主料：小黄瓜200克。

辅料：红辣椒30克，姜、香油、糖、盐、醋各适量。

**制作方法**

1. 小黄瓜洗净，切成长段，用盐略腌软后，洗去盐水，增加小黄瓜的脆度。
2. 红辣椒去籽，切成长丝；姜去皮，切丝待用。
3. 每段小黄瓜削成连续的长薄片，削到瓜瓤时就停下来。
4. 将姜丝和红辣椒丝放入小黄瓜条中，包卷成圆条状开状，置于碗内，加香油、糖、盐、冷开水、白醋略腌20分钟后取出，切小段，排入盘中，淋上酱汁即可食用。

【营养功效】黄瓜中含有丰富的维生素E，可起到延年益寿、抗衰老的作用。

**小贴士**
肝病、心血管病、肠胃病以及高血压症的患者都忌吃腌黄瓜。

糖醋黄瓜卷

主料：金针菇150克，黄瓜200克。

辅料：盐3克，味精2克，食用油、水淀粉各适量。

**制作方法**

1. 金针菇洗净，切去尾部；黄瓜洗净，切成丝。
2. 将金针菇下入沸水锅中汆去异味后，捞出沥净水分。
3. 锅内放食用油烧热，将金针菇和黄瓜丝一起翻炒至熟，加盐、味精调味，最后用水淀粉勾芡即可。

【营养功效】此菜具有抗疲劳、抗菌消炎、清除重金属物质等功效。

**小贴士**
黄瓜要选色泽亮丽，外表有刺状凸起的，若手摸发软，顶端变黄，则不是新鲜的黄瓜了。

金针瓜丝

香辣土豆块

**主料：** 土豆500克，干红辣椒50克。

**辅料：** 食用油、白醋、盐、味精、葱花、姜末各适量。

**制作方法**

1. 土豆洗净去皮，切成滚刀块；干红辣椒去蒂及籽，切小段，洗净泡软备用。
2. 锅内放食用油烧至七成热，下入土豆块炸至熟透，呈金黄色时倒入漏勺。
3. 炒锅上火烧热，加少许底油，用姜末炝锅，下入干红辣椒煸炒；出红油后，放入土豆块，烹白醋，添汤，加盐、味精翻炒均匀，撒葱花，出锅即可。

【营养功效】土豆含有蛋白质、脂肪、糖类、膳食纤维、B族维生素与维生素C等，其维生素的总含量约相当于西红柿的4倍，具有和中、养胃、利温消湿、健脾益气、解毒等功效。

**小贴士**

干红辣椒用清水泡软才能煸炒，否则易糊。

麻辣茄子

**主料：** 茄子250克。

**辅料：** 芝麻、豆瓣辣酱、淀粉、辣椒油、香油、花椒粉、盐、味精、食用油各适量。

**制作方法**

1. 把茄子切成条，用盐拌匀，立即撒上淀粉，裹上一层粉糊。
2. 锅内放食用油烧至七成热，放茄子炸至起壳、成熟，捞出沥油。
3. 原锅内留适量油，放豆瓣辣酱煸出香味，加味精，下水淀粉勾芡，倒入茄条翻炒，撒上花椒粉、芝麻，淋上辣椒油、香油，装盘即可。

【营养功效】茄子富含维生素P，能使血管壁保持弹性和生理功能，防止硬化和破裂，有助于防治高血压、冠心病、动脉硬化和出血性紫癜。

**小贴士**

茄子以果形均匀周正、老嫩适度、无裂口、无腐烂、无锈皮、无斑点、肉厚、细嫩为佳。

辣椒芋丝

**主料：** 魔芋300克。

**辅料：** 红辣椒、花椒、盐、味精、鲜汤、食用油各适量。

**制作方法**

1. 魔芋丝入沸水锅焯去碱涩味，捞出；红辣椒洗净，切粒备用。
2. 锅内放入食用油烧热，下花椒炒香，加入鲜汤、魔芋丝、盐、味精，用中火慢烧入味，汁水将干时加入辣椒粒，起锅即可。

【营养功效】魔芋富含维生素、植物纤维及黏液蛋白，能清洁肠胃、帮助消化、防治消化系统疾病，有降低胆固醇、防治高血压等功效，对防治糖尿病有良好的作用。

**小贴士**

生魔芋有毒，必须煎煮3小时以上才可食用，且每次食量不宜过多；烹制前要将魔芋丝焯水，以除去涩味。

# 海米烧茄子

**主料**：茄子350克。

**辅料**：盐3克，食用油、虾米、糖、老抽、辣椒油、香油、淀粉、青椒、红辣椒各适量。

### 制作方法

1. 茄子去皮洗净，切滚刀块，放入清水中浸泡片刻后捞出，沥干水分，再均匀裹上一层淀粉；海米用温水泡软后洗净；青椒、红辣椒均洗净，切大片。
2. 锅内放食用油烧热，入茄子炸至金黄色时盛出。
3. 再热油锅，入青椒、红辣椒稍炒，加入茄子、海米翻炒2分钟，注入少许清汤以大火烧沸。
4. 调入盐、糖、老抽、辣椒油拌匀，转小火焖烧至汤汁快干时以水淀粉勾芡，淋入香油，起锅盛入盘中即可。

【营养功效】茄子中维生素P的含量很高，每100克中即含维生素P750毫克，能使血管壁保持弹性和生理功能，防止血管硬化和破裂，这是许多蔬菜水果望尘莫及的。

**小贴士**
老年人的饭菜里放一些虾皮，对提高食欲和增强体质都很有好处。

# 油辣包菜卷

**主料**：包菜750克。

**辅料**：红辣椒50克，姜、盐、醋、香油、花椒、糖、味精各适量。

### 制作方法

1. 先将包菜外层的老边叶去掉，逐步将菜叶掰下来，洗净，再把菜叶平放在砧板上，把叶子中间的硬梗片薄，放入开水锅中氽一下捞出，迅速放入冷水盆中，再捞出沥干水分，放入大盘中散开，同时放入盐、醋、糖、味精与菜拌匀腌好，待用。
2. 姜切丝，放在包菜上；香油放热锅中，油热时下花椒，炸至快黑时捞出不要，再把油浇在包菜上，拌匀，浸10分钟。
3. 辣椒切成丝，放在包菜的头端，从头开始卷起成筒形，全部卷好后，把包菜卷切成段，均匀摆盘即可。

【营养功效】包菜中含有丰富的维生素C、维生素E、β–胡萝卜素、叶酸等，有杀菌、消炎、抗氧化、防治肿瘤等功效。

**小贴士**
包菜不要在热水锅中氽的时间过长，最好是水似开没开时捞出，水一定要没过菜。

# 乡村蕨菜

**主料:** 蕨菜350克。

**辅料:** 食用油、盐、辣椒酱、老抽、陈醋、姜片、干辣椒、葱、熟白芝麻各适量。

**制作方法**

1. 蕨菜择洗干净,放入沸水锅中焯水后捞出,切段,盛入盘中;葱洗净,切花。
2. 锅内入食用油烧热,入姜片、干辣椒爆香后捞出,调入盐、辣椒酱、老抽、陈醋和适量高汤烧开,起锅淋在盘中的蕨菜上,撒上熟白芝麻、葱花即可。

【营养功效】蕨菜素对细菌有一定的抑制作用,可用于发热不退、肠风热毒、湿疹、疮疡等病症,具有良好的清热解毒、杀菌的功效。

**小贴士**

脾胃虚寒者慎食蕨菜。

# 板栗烧菜心

**主料:** 鲜栗子250克,白菜500克。

**辅料:** 淀粉、味精、盐、香油、胡椒粉、食用油各适量。

**制作方法**

1. 将板栗去壳取肉,切成片;白菜择洗干净,取其嫩心,洗净。
2. 锅内放食用油烧至五成热,放板栗炸2分钟,呈金黄色时倒入漏勺,沥去油,盛入小瓦钵内,加盐,上笼蒸10分钟。
3. 锅内放食用油大火烧至八成热,放白菜心,加盐,煸炒,放味精,用水淀粉勾稀芡,出锅盛入盘中,淋入香油,撒上胡椒粉即可。

【营养功效】栗子含有糖、淀粉、蛋白质、脂肪、维生素A、维生素B$_1$、维生素B$_2$、维生素C、多种无机盐等,有养胃、健脾、补肾、壮腰、强筋、活血、止血等功效。

**小贴士**

湘西出产的油板栗,经济价值高,营养丰富,有"中国甘栗"的美称;板栗必须油炸,不然易烂碎。

主料：茄子300克，四季豆200克。

辅料：食用油、盐、味精、香油、红辣椒各适量。

制作方法

1.茄子洗净，取皮切丝；四季豆去老筋、洗净，切丝；红辣椒洗净，切丝。

2.锅内入食用油烧热，放入茄皮丝、四季豆同炒片刻，加入红辣椒翻炒至熟，调入盐、味精，淋香油炒匀即可。

【营养功效】茄子味甘、性凉，入脾、胃、大肠经，具有清热止血、消肿止痛等功效。

小贴士

　　茄子皮被湖南人做成了特色风味菜，不仅有食用价值，也有一定的医疗作用，对热毒痈疮、皮肤溃疡、口舌生疮、痔疮下血、便血者等人群有一定疗效。

主料：外婆菜300克。

辅料：盐、味精、食用油、老抽、香油、青椒、红辣椒各适量。

制作方法

1.外婆菜洗净，切碎；青椒、红辣椒均洗净，切圈。

2.锅内放食用油烧热，放入外婆菜炒香，加入青椒、红辣椒翻炒均匀。

3.调入盐、味精、老抽、香油炒匀即可。

【营养功效】外婆菜具有开胃健脾、促进消化、软化血管、滋养容颜等功效。

小贴士

　　外婆菜腌制过程中不要添加任何色素和防腐剂。

主料：黄瓜300克，竹笋200克，红辣椒100克，葱50克。

辅料：蒜30克，食用油、花椒、盐、料酒、糖、香油各适量。

制作方法

1.将黄瓜、竹笋、红辣椒、葱、蒜分别洗净，沥干水分备用。

2.取一个干净坛子，倒入适量凉开水，加入花椒、盐、料酒、糖，然后放入备好的所有材料，密封七天以上。

3.腌制好后，取出，切成块装盘，淋上香油即可。

【营养功效】黄瓜中含有丰富的维生素E，可起到延年益寿、抗衰老的作用。

小贴士

　　黄瓜不宜加碱或高温煮后食用。

茄皮豆角丝

湘西外婆菜

菜根香

**泡椒炒南瓜丝**

主料：嫩南瓜400克。

辅料：食用油、盐、泡椒汁、泡椒各适量。

**制作方法**

1. 嫩南瓜洗净，切丝；泡椒切丝。
2. 锅置火上，入食用油烧热，放入嫩南瓜、泡椒同炒片刻。
3. 调入盐、泡椒汁炒匀即可。

【营养功效】南瓜富含锌，有益皮肤和指甲健康。

**小贴士**

嫩南瓜的表皮比较细嫩，所以不需要去表皮。在炒的过程中要加少量水，但要注意水量也不要太多。剁辣椒不要放得太多，否则就掩盖了嫩南瓜本来的鲜味。

**焦盐子芋**

主料：芋头500克。

辅料：糯米粉130克，熟肥膘肉100克，火腿、琼脂、虾米、桃仁、香油、葱、姜、盐、食用油、甜面酱、椒盐、香菇、糖、花椒各适量。

**制作方法**

1. 芋头蒸熟去皮，压成蓉状，加糯米粉100克拌均匀，制成皮料20个。
2. 熟肥膘肉、火腿、琼脂、香菇、虾米、桃仁、葱白均切成末状，加糖、姜末、香油拌合成馅，用皮料包入馅，制成丸子，外表再均匀滚上糯米粉。
3. 锅内放食用油，中火烧至六成热，逐个放丸子，炸至金黄色时沥油装盘，控油。
4. 锅内放香油，加花椒炸香，去花椒，将花椒油淋在丸子上即可。食用时带甜面酱、椒盐粉各一小碟。

【营养功效】芋头营养丰富，其中氟的含量较高，具有洁齿防龋、保护牙齿的作用。

**小贴士**

生芋有小毒，食时必须熟透；生芋汁易引起局部皮肤过敏，可用姜汁擦拭以解之。

**金针菇炒荷兰豆**

主料：金针菇、荷兰豆各200克。

辅料：盐、味精、香油、食用油各适量。

**制作方法**

1. 金针菇去蒂洗净，切段；荷兰豆去老筋洗净，切丝。
2. 锅内入食用油烧热，放入金针菇、荷兰豆同炒至熟。
3. 调入盐、味精、香油炒匀即可。

【营养功效】金针菇适合高血压患者、肥胖者和中老年人食用，这主要是因为它是一种高钾低钠食品。

**小贴士**

脾胃虚寒者不宜吃太多金针菇。

主料：猪肉150克，卷心菜190克。

辅料：芹菜30克，胡萝卜75克，黄瓜50克，红辣椒、葱、淀粉、食用油、姜、蒜、料酒、醋、盐、味精、糖、花椒粒各适量。

**制作方法**

1.先将芹菜、红辣椒、姜、蒜、花椒粒、卷心菜、胡萝卜、小黄瓜用冷开水洗净，晾干，然后依次将芹菜、辣椒切段，葱切末；姜、蒜稍拍，与花椒粒一起用纱布包裹；卷心菜剥成小片；胡萝卜、小黄瓜切片；辣椒剁碎。

2.中型罐子洗净擦干，放芹菜、辣椒、姜、蒜、花椒、料酒、醋、盐、冷开水，盖严，放置4天，待发酵后，再浸泡8小时，捞出卷心菜、胡萝卜、小黄瓜片。

3.锅内放食用油烧热，猪肉末炒熟，再放泡菜拌炒，加葱末、辣椒末及味精、糖、醋翻炒数下，淋淀粉水勾芡，炒匀盛盘即可。

【营养功效】泡菜可以促进人体对铁元素的吸收。

**小贴士**
泡菜在腌制过程中会产生致癌物质亚硝酸盐，应少食。

泡菜肉末

主料：红苋菜400克。

辅料：食用油、盐、味精、蒜各适量。

**制作方法**

1.红苋菜去根、洗净；蒜去皮、洗净，切末。

2.锅置火上，入食用油烧热，入蒜末炒香后去除，再入红苋菜翻炒至熟。

3.调入盐、味精炒匀，起锅盛入盘中即可。

【营养功效】苋菜性微寒、味微甘，入肺、大肠经，有清热解毒、利尿除湿等功效。苋菜叶富含易被人体吸收的钙，对牙齿和骨骼的生长可起到促进作用，并能维持正常的心肌活动，防止肌肉痉挛。

**小贴士**
苋菜忌与甲鱼和龟肉同食。

蒜蓉苋菜

主料：腊肉150克，泥蒿200克。

辅料：生抽、食用油、料酒、香油、红辣椒各适量。

**制作方法**

1.泥蒿洗净，切段；腊肉用温水泡洗，除去部分咸味后切细条；红辣椒洗净，切小段。

2.锅内入食用油烧热，下入腊肉煸炒至出油时再入泥蒿、红辣椒翻炒片刻。

3.调入生抽、料酒炒匀，淋入香油，起锅盛入盘中即可。

【营养功效】泥蒿富含硒、锌、铁等多种微量元素。硒是人体必需的重要的微量元素。

**小贴士**
泥蒿含有芳香油，可作香料。

泥蒿炒腊肉

**辣炒香菇**

主料：干香菇300克，辣椒100克。

辅料：干辣椒、花椒粉、辣椒粉、椒盐粉、盐、食用油各适量。

**制作方法**

1.将干香菇泡发，捞出切条；干辣椒剪成段。

2.炒锅上小火，将盐、辣椒粉、花椒粉倒入炒锅内迅速翻炒，炒香后倒出备用。

3.炒锅内放食用油烧至七成热，放香菇条，翻炒至香菇条变黄且发出香味时，加干辣椒段、花椒和少许盐，再炒10分钟即可捞起入盘，撒上椒盐粉，拌匀即可。

【营养功效】香菇含有双链核糖核酸，能诱导产生干扰素，具有抗病毒能力，对增强抗疾病能力和预防感冒及治疗有良好效果。

**小贴士**

此菜也可选用鲜香菇烹制。

**酸炒嫩藕**

主料：嫩藕400克，酸菜100克。

辅料：食用油、盐、味精、葱末、姜末各适量。

**制作方法**

1.将藕去节、削皮洗净，切成小片；将酸菜浸泡干净，切成酸菜末待用。

2.锅内放食用油烧热，爆香葱末、姜末，倒入酸菜末炒3分钟，加藕片同炒，加味精、盐和少许水翻炒均匀，藕片熟后，出锅即可。

【营养功效】藕含有蛋白质、脂肪、糖类、膳食纤维、钙、磷、铁及多种维生素，尤以维生素C的含量最高，有清热生津、凉血止血、消散淤血等功效。

**小贴士**

凡脾胃虚寒、便溏腹泻者及妇女寒性痛经者均忌食生藕；胃、十二指肠溃疡者少食。

**香辣绿豆芽**

主料：绿豆芽300克。

辅料：干红辣椒丝、葱、食用油、酱油、白醋、盐、味精、花椒、香油各适量。

**制作方法**

1.绿豆芽择洗干净，下沸水中焯烫片刻，立即捞出，沥净水分备用。

2.炒锅上火烧热，加少许底油，下入花椒粒炸出香味，捞出不要，放葱丝炝锅，烹白醋，下入绿豆芽、干红辣椒丝煸炒，加盐、酱油、味精翻炒均匀，淋香油，撒上葱花，出锅装盘即可。

【营养功效】绿豆在发芽过程中，维生素C含量会增加很多，而且部分蛋白质也会分解为各种人体所需的氨基酸，可达到绿豆原含量的七倍，具有清热解毒、利尿除湿等功效。

**小贴士**

绿豆芽纤维较粗，不易消化，且偏寒，脾胃虚寒之人不宜长食。

主料：苦瓜300克。

辅料：葱50克，红甜椒100克，姜、蒜、食用油、香油、豆瓣酱、酱油、醋、糖、味精各适量。

**制作方法**

1.苦瓜洗净，顺长剖成两半，去瓤切丝；红甜椒去蒂去籽，洗净，切细丝，放入沸水锅内焯一下，捞出，沥干水分。

2.红甜椒丝晾凉后与苦瓜丝一起拌匀装盘；葱、姜切丝；蒜捣成泥。

3.锅内放食用油烧热，放葱丝、姜丝煸香，加豆瓣酱、酱油煸炒，加糖、米醋、味精、蒜泥炒匀，晾凉浇在苦瓜丝上，淋香油即可。

【营养功效】红甜椒含有极其丰富的维生素C，其含量比茄子、西红柿高，还含有萝卜素、维生素B₆、维生素E和叶酸等。

**小贴士**

切辣椒时，将刀在冷水中蘸一下，就不会刺激眼睛。

鱼香苦瓜丝

主料：白萝卜250克，鸡汤500毫升。

辅料：花椒油50毫升，葱末、姜末、酱油、食用油、盐、料酒、淀粉、味精、糖各适量。

**制作方法**

1.白萝卜洗净，去皮，切成长3厘米、厚1厘米的条块。

2.锅内放食用油，大火加热，爆香葱末、姜末，依次放酱油、糖、盐、料酒、鸡汤和萝卜炒匀。

3.烧沸后，改用小火烧至汤汁剩一半时，加水淀粉、味精，淋入花椒油炒匀，出锅即可。

【营养功效】萝卜含有蛋白质、脂肪、糖类、膳食纤维、维生素B₁、维生素B₂、维生素C、烟酸、钙、磷、铁、锰、硼等。

**小贴士**

脾胃虚寒、阴盛偏寒体质者不宜多食；胃及十二指肠溃疡、慢性胃炎、单纯甲状腺肿等患者少食。

鸡汁酱萝卜

主料：菜花500克

辅料：干红辣椒10克，葱花、醋、咖喱粉、盐、味精、糖各适量。

**制作方法**

1.将菜花洗净，掰成小朵，放入沸水中烫透捞出，用冷水过凉后沥水；干红辣椒去蒂、籽后洗净，切成细丝。

2.锅内加适量水，大火烧开后放入咖喱粉、干红辣椒丝、糖、盐、味精、醋，烧沸后撇去浮沫，起锅晾凉后倒入大汤盆内。加入菜花浸泡，约4小时后捞出，整齐地摆放盘中，上桌时淋入少许腌菜花的原汁，撒葱花即可。

【营养功效】菜花含较多的膳食纤维、各种维生素和钙、磷、铁等矿物质，其丰富的维生素C可增强肝脏的解毒功能，提高人体的免疫力。

**小贴士**

季节交替时期是感冒的多发期，多食菜花可达到预防感冒的目的。

咖喱辣菜花

# 树子拌苦瓜

主料：苦瓜600克。

辅料：树子10克，辣椒10克，盐、味精、糖、香油各适量。

**制作方法**

1.锅中放水，放树子，加辣椒、盐、糖、味精、香油，用小火煮至剩下的水分只有原来的三分之一时，捞出晾凉。

2.苦瓜清洗干净，去籽切片，放入沸水的锅中，以中火煮约3分钟，直至苦瓜熟透后捞出，再泡入凉开水中使其冷却，捞出，沥干水分。

3.将树子及苦瓜一同拌匀，腌浸约半小时，待其入味后即可食用。

【营养功效】树子富含纤维。油脂积存过量的人，多吃树子可以补充纤维质。苦瓜含有大量维生素C，能提高机体的免疫能力。

**小贴士**

苦瓜、鸡蛋同食能保护骨骼、牙齿及血管，使铁质吸收得更好，有健胃的功效。

# 银芽贡菜

主料：贡菜、绿豆芽各100克。

辅料：红辣椒25克，姜末、蒜末、料酒、白醋、盐、食用油、香油各适量。

**制作方法**

1.贡菜洗净，切段；红辣椒切成细丝；绿豆芽洗净。

2.锅内放食用油烧热，倒入蒜末、姜末、红辣椒爆香，加入绿豆芽和贡菜，大火翻炒，加清水、料酒翻炒数下，加入盐，拌炒均匀，淋上香油即可。

【营养功效】此菜富含膳食纤维及维生素，有缓解食欲不振之效。贡菜维生素E含量较高，故有"天然保健品，植物营养素"之美称，是美容抗癌佳品。

**小贴士**

烹饪此菜时宜先将红辣椒丝炒熟，再加入绿豆芽，以免绿豆芽炒得太烂影响口感。

# 芥蓝炒香菇

主料：芥蓝300克，腰果50克，鲜香菇30克。

辅料：红辣椒50克，蒜、盐、味精、糖、食用油、淀粉、香油各适量。

**制作方法**

1.将芥蓝切成花状，套上红辣椒圈。

2.将芥蓝、香菇分别焯水；腰果炸熟；蒜切片。

3.锅内放食用油烧热，将辣椒圈、芥蓝、香菇、腰果倒入锅中翻炒，放入蒜片、盐、糖、味精炒匀，用水淀粉勾芡，淋香油出锅即可。

【营养功效】芥蓝中胡萝卜素、维生素C含量很高，其中的维生素C远远超过了菠菜和苋菜。芥蓝降解产物萝卜硫素是蔬菜中发现的最强有力的抗癌成分。

**小贴士**

芥蓝有苦涩味，炒时加入少量糖和酒，可以改善口感。

主料：白萝卜200克。

辅料：五香粉、辣椒粉、盐、酱油、食用油、味精、葱末各适量。

**制作方法**

1. 将白萝卜洗净，一层萝卜一层盐入缸进行腌制，大约腌2个月捞出，晾3天，切成片。
2. 将酱油、五香粉与萝卜片拌匀，第二天再加入味精。
3. 锅内放食用油烧热，将辣椒粉倒入热油锅中，5~10分钟后，掺入萝卜中拌匀，撒葱末即可。

【营养功效】白萝卜含丰富的维生素C和微量元素锌，其所含的淀粉酶能分解食物中的淀粉，使之得到充分吸收。

**小贴士**

萝卜腌制入味口感才佳。

主料：蘑菇350克，五花肉80克。

辅料：盐3克，味精2克，食用油、辣椒油、生抽、青椒、红辣椒各适量。

**制作方法**

1. 蘑菇洗净，对切成两半，氽水后捞出；五花肉洗净，切片；青椒、红辣椒均洗净，斜切成片。
2. 锅内放食用油烧热，放入肉片煸炒后盛出。
3. 锅内放食用油烧热，放入蘑菇稍炒后，加入肉片翻炒均匀，再入青椒、红辣椒炒片刻后，调入盐、味精、辣椒油、生抽炒匀，起锅盛入盘中即可。

【营养功效】蘑菇的有效成分可增强T淋巴细胞功能，从而提高机体抵御各种疾病的功能。

**小贴士**

选购蘑菇时要仔细，有些过于白净的蘑菇可能含有荧光增白剂。正常的蘑菇通常看起来比较脏，表面沾有泥巴，呈灰白色或有斑点，摸上去比较粗糙、干燥；被漂白过的比较白净，手感光滑，有湿润感。

主料：冬瓜500克。

辅料：干红辣椒10克，花椒末、香油、盐、酱油、糖各适量。

**制作方法**

1. 将冬瓜削去外皮，去瓤、籽，洗净后切成小片待用；将干红辣椒去籽、去蒂，切小段待用。
2. 将冬瓜片用沸水煮至熟后捞出，沥干水分，加入盐、酱油、糖和花椒末。
3. 炒锅中倒入香油，烧至七成热，放入干红辣椒，炸香后捞出，将辣椒油趁热淋在冬瓜片上，拌匀即可。

【营养功效】冬瓜含维生素C较多，且钾盐含量高、钠盐含量较低。冬瓜在夏季食用有清热解暑之效，还具有减肥的作用。

**小贴士**

冬瓜是一种比较理想的解热利尿日常食物，连皮一起煮汤，效果更佳。

六味萝卜　小炒蘑菇　麻辣冬瓜

# 荷包辣椒

**主料：** 青椒200克。

**辅料：** 食用油、盐、味精、料酒各适量。

**制作方法**

1. 青椒洗净。
2. 锅内放食用油烧热，放少许盐略炒，放青椒，翻炒至青椒表皮呈现小黑点时，倒入料酒、盐、味精调味后即可。

【营养功效】青椒含有抗氧化的维生素和微量元素，能增强人的体力，缓解因工作、生活压力造成的疲劳，可以防治坏血病，对牙龈出血、贫血、血管脆弱有辅助治疗作用。

**小贴士**

辣味重的青椒容易引发痔疮、疮疖等炎症，故辣的青椒要少吃。

# 干锅茶树菇

**主料：** 水发茶树菇400克。

**辅料：** 红辣椒1个，蒜、辣椒酱、香菜、蚝油、盐、老抽、味精、辣椒油、香油各适量。

**制作方法**

1. 水发茶树菇洗净，切成段，用沸水焯一下，捞出；红辣椒切成菱形块。
2. 锅内放辣椒油烧热，下入辣椒酱、蚝油炒香，加茶树菇煸炒，放少许清水，加盐、老抽、味精稍煮，接着下入油炸大蒜、红辣椒块炒拌均匀。
3. 淋入香油，起锅盛入锅仔内，点缀上香菜即可。

【营养功效】茶树菇营养丰富，蛋白质含量高，且有18种氨基酸，有滋阴、防癌、降压等功效，对小儿尿床也有辅助治疗的功效。

**小贴士**

先用清水快速将茶树菇冲洗1次，再放入清水中浸泡35分钟左右。

# 皮蛋蒸土豆

**主料：** 土豆350克，皮蛋3个。

**辅料：** 剁椒20克，葱、蒜、食用油、盐、味精、香油各适量。

**制作方法**

1. 将土豆洗净去皮，切成片，用清水漂洗3分钟，摆入盘中，均匀地撒上盐。
2. 皮蛋剥壳，每个切成8瓣，围摆在土豆周围；蒜切末；葱切花。
3. 将剁椒、蒜末、盐、味精、食用油拌匀，盖在土豆和皮蛋上，上笼大火蒸10分钟取出，淋上烧热的香油，撒上葱花即可。

【营养功效】土豆含有丰富的维生素A和维生素C以及矿物质，优质淀粉含量约为16.5%，被誉为人类的"第二面包"。土豆含有粘液蛋白，可保持血管弹性。

**小贴士**

将切好的土豆片、土豆丝放入水中，去掉过多的淀粉以便烹调，但泡得太久会致使水溶性维生素等营养流失。

主料：莲藕150克。

辅料：红尖辣椒、蒜、香菜、糖、辣椒油、香油、盐、味精各适量。

**制作方法**

1.莲藕洗净后去皮，切成薄片，浸泡在冷水中；红尖辣椒去蒂，香菜洗净，均切成末；蒜洗净，剁成蒜末。

2.锅中放水烧沸，放入藕片，烫煮约4分钟，捞出，沥水，晾凉备用。

3.将莲藕、辣椒、蒜、香菜、糖、辣椒油、香油、盐、味精搅拌均匀，浸腌约40分钟，待其入味后装盘即可。

【营养功效】藕含有大量的单宁酸，有收缩血管作用，可用来止血。藕还能凉血，散血，中医认为其止血而不留瘀，是热病血症的食疗佳品。

**小贴士**

煮藕时忌用铁器，以免引起食物发黑。

红油莲藕片

主料：包菜400克，五花肉100克。

辅料：盐、味精、糖、食用油、陈醋、生抽、干辣椒各适量。

**制作方法**

1.包菜洗净，撕成大片；五花肉洗净，切片；干红辣椒洗净，切段。

2.锅置火上，入食用油烧热，下入五花肉煸炒至出油时，入干红辣椒炒出香味，加入包菜炒至稍稍变色，烹入陈醋、生抽翻炒炒匀。

3.放入少量糖提鲜，加入盐、味精调味，起锅盛入盘中即可。

【营养功效】包菜富含叶酸，怀孕的妇女应该多吃。

**小贴士**

肝病患者不宜多吃包菜。

农家手撕包菜

主料：辣椒（红、尖、干）250克。

辅料：豆豉25克，食用油、酱油、盐各适量。

**制作方法**

1.将干红辣椒洗净后去蒂，切碎成细末。

2.锅内放食用油，大火烧至六成热，将干辣椒末下锅炸焦，再放入豆豉、盐、酱油拌匀，上火再炒几下。

3.晾凉后，可根据自己需要调制。

【营养功效】豆豉中含有很高的尿激酶，尿激酶具有溶解血栓的作用。

**小贴士**

干辣椒末下锅炸焦后，最好离开火口，再放豆豉、盐、酱油、味精等调料，起锅时淋些香油。

焦香辣椒

# 甜 辣 藕 片

**主料:** 莲藕200克,黑木耳30克。

**辅料:** 糖40克,红辣椒20克,面粉100克,味精、盐、酱油、糖、淀粉、食用油、发酵粉各适量。

**制作方法**

1. 莲藕洗净,去皮,切成片状,加入适量盐拌匀,待藕出汤后沥干水分。
2. 黑木耳和红辣椒洗净,切成方丁;面粉加入盐、味精、发酵粉,用清水调成面糊。
3. 锅内放食用油烧至八成热,将藕片蘸上面糊,逐块下入油中炸,炸至金黄色时捞出,控干油,待用。
4. 炒锅留底油,下入红辣椒丁煸炒后,下入黑木耳、酱油、糖、清水,烧沸后加入醋,用水淀粉勾芡,淋入熟油,再将炸好的藕块下入锅内,翻炒均匀,起锅装盘即可。

【营养功效】藕的营养价值很高,富含铁、钙等微量元素,植物蛋白质、维生素以及淀粉含量也很丰富,有明显的补益气血、增强人体免疫力作用。

**小贴士**

煮藕时忌用铁器,防止其发黑。

# 炝 辣 苦 瓜

**主料:** 苦瓜500克。

**辅料:** 葱花、姜末、蒜末、豆豉、辣椒油、花椒油、香油、酱油、糖、醋、盐、味精、芝麻酱、食用油各适量。

**制作方法**

1. 苦瓜洗净,对切两半,去掉瓜瓤,顺长切成4厘米长的粗丝条,放沸水锅内,煮至断生捞出,沥干水分,拌少许盐、香油。
2. 把炒锅置大火上,放食用油烧热,下豆豉炒酥,铲出放在案板上,剁成蓉后倒回锅内。
3. 加酱油调匀,再加糖、醋、味精、葱花、姜末、蒜末、香油、辣椒油、芝麻酱、花椒油调匀,淋在苦瓜上即可。

【营养功效】苦瓜含有较多的苦瓜苷和苦味素,能增进食欲,还有降血糖、利尿退热作用。

**小贴士**

糖尿病患者若按照该食谱制作菜肴,请将调料中的糖去掉。

# 香炸金针菇

**主料:** 金针菇300克。

**辅料:** 鸡蛋2个, 花生米(生)15克, 干红辣椒段、花椒、蒜末、姜末、葱、食用油、淀粉、盐、味精、香油、辣椒油、花椒油各适量。

**制作方法**

1. 金针菇洗净, 下入加有盐的沸水锅中焯烫, 捞出沥干水分; 鸡蛋去黄留清, 加淀粉及适量清水调成面糊; 葱洗净切花。

2. 锅内放食用油烧至五成热, 将金针菇挂匀面糊, 逐根下入油锅中, 炸至金黄色, 捞出沥油。

3. 锅留底油, 放干辣椒段、花椒、姜末、蒜末炒香, 放金针菇翻炒, 加盐、味精、香油、辣椒油、花椒油调味, 撒花淀粉(花生米捣碎)和葱花炒匀, 起锅装盘即可。

【营养功效】金针菇含有人体必需的氨基酸, 其中赖氨酸和精氨酸尤其丰富, 且含锌量比较高, 对儿童的身高和智力发育有良好的作用, 人称"增智菇"。

**小贴士**

油适量, 放入花椒炸香, 捞出花椒, 即为花椒油。

# 虾米炒蕨菜

**主料:** 蕨菜400克, 水发虾米50克。

**辅料:** 芝麻15克, 姜、食用油、盐、料酒、糖、味精、辣椒粉、酱油、水淀粉、鸡汤、香油各适量。

**制作方法**

1. 将蕨菜择去老茎, 用开水焯过, 切成6厘米长的段; 虾米洗净, 放入瓷碗内, 加料酒及适量清水, 上蒸锅蒸软; 姜去皮, 洗净, 切成细末待用。

2. 锅内放食用油烧成五成热, 放入姜末、辣椒粉炸出香味, 下入蕨菜略为煸炒后, 将蒸好的虾米及其汤汁倒入, 加入盐、糖、酱油炒匀, 放鸡汤烧沸。

3. 待蕨菜稍变软时, 加味精, 水淀粉勾芡, 淋香油, 出锅, 入盘, 撒焙好的芝麻即可。

【营养功效】蕨菜所含粗纤维能促进胃肠蠕动, 具有下气通便的作用。它富含的各类维生素, 可帮助清洁肠胃, 并能舒展筋骨。

**小贴士**

未经开水焯过的蕨菜易致癌。

# 麻辣金针菇

**主料：** 金针菇200克，黄瓜、胡萝卜各100克。

**辅料：** 辣椒粉10克，花椒粉、盐、味精、蒜蓉、糖、食用油、白醋各适量。

## 制作方法

1. 将金针菇的根部切除，散开后洗净；黄瓜、胡萝卜均洗净，切成细丝。
2. 锅中加水烧热，下入金针菇烫一下后，捞出晾凉，和黄瓜、胡萝卜一起装盘。
3. 再将辣椒粉、花椒粉下油锅中爆香后，倒入所有调料拌匀，再一起倒入金针菇中拌匀即可食用。

【营养功效】常食金针菇能降胆固醇，预防肝脏疾病和肠胃道溃疡，增强机体正气，防病健身。

### 小贴士

辣椒粉是湖南最常见的调料之一。将干辣椒剪成小段，与花椒、桂皮、小茴香一起翻炒到辣椒脆香，凉一会，加少许芝麻一起研磨成粉状即成辣椒粉。

# 什 锦 茄 子

**主料：** 茄子300克，芹菜、洋葱、青椒、胡萝卜各100克。

**辅料：** 干辣椒、蒜、面粉、食用油、盐、糖、番茄酱、醋、胡椒粉、香叶、高汤各适量。

## 制作方法

1. 茄子洗净，切成方块，加入盐、胡椒粉拌匀，滚上面粉；锅内放食用油烧热，下入茄块煎至上色，捞出沥油。
2. 洋葱洗净，切丝；芹菜洗净，切段；青椒去蒂、籽，洗净，切块；胡萝卜洗净，切片；蒜切末。
3. 锅内放食用油烧热，下入葱头丝、胡萝卜片、干红辣椒、香叶略炒，加番茄酱炒匀后倒入适量高汤。烧沸后再放入芹菜段、青椒块，加盐、糖、醋炒匀，撒上蒜末，放入茄块煮沸，改小火煨10分钟即可。

【营养功效】芹菜含有较多的膳食纤维、钾，还有能起到降压、镇养作用的芹菜素。

### 小贴士

茄子切好后，应趁着还没变色，立刻放入油里炸。

# 冬笋油面筋

**主料：** 冬笋300克，油面筋100克，干香菇25克。

**辅料：** 酱油45毫升，盐、糖、食用油、葱末、红辣椒各适量。

**制作方法**

1. 香菇泡软、去蒂；冬笋去皮，先煮熟再切条。
2. 锅内放食用油烧热，放入油面筋炸黄，捞出沥油，切成四等份。
3. 锅内放食用油烧热，放入香菇煸炒，出香味后放入冬笋同炒，加盐、酱油、糖调味，加清水烧入味，加入油面筋同烧，汤汁收干，撒葱末、红辣椒即可。

【营养功效】面筋属于高蛋白、低脂肪、低糖、低热量的食物，除了富含蛋白质，还含钙、铁、磷、钾等多种微量元素。营养不良和贫血者多吃高蛋白食物有补益作用。

**小贴士**

利用泡香菇的水代替清水，味道更好；没有冬笋的季节，可用绿竹笋代替，但也要先煮熟再烧，以去除生竹味。

# 虾仁烧茄子

**主料：** 茄子750克，虾仁50克。

**辅料：** 蒜、食用油、料酒、盐、酱油、味精、淀粉、葱、姜、香油各适量。

**制作方法**

1. 茄子去蒂，削去皮，先切段，再切成斜条；蒜拍烂，剁成米；葱切成花；姜切成米。
2. 虾仁装入碗内，用水冲洗，去尽沙，沥干水分，放拍破的葱、姜，加料酒，上笼蒸熟，取出，去掉葱、姜。
3. 用汤100毫升、盐、酱油、味精、香油、水淀粉和葱花兑成汁。
4. 锅内放食用油烧热，下入茄子炸至呈金黄色，倒入漏勺内沥油；锅留一点油，下入姜米、蒜米炒一下，再将茄子和虾籽倒入锅内，冲入兑汁，颠炒几下即可。

【营养功效】茄子含有维生素P，能使血管壁保持弹性和生理功能，保护心血管、抗坏血酸，并增强人体细胞间的粘着力，增强毛细血管的弹性。

**小贴士**

将虾仁倒入另一个碗内，使沙质沉淀2-3次，以去尽沙为止。

# 湖南风味茄子泥

**主料：** 茄子400克，苦瓜600克。

**辅料：** 西红柿60克，猪肉100克，蒜、姜、辣椒粉、淀粉、糖、酱油、味精、食用油、料酒各适量。

## 制作方法

1.将茄子洗净，去蒂，切片，蒸或煮熟，拌成泥状；苦瓜洗净，去籽，煮至八成熟；西红柿洗净，去蒂，切碎；猪肉洗净绞成肉末；蒜、姜分别洗净，蒜捣成泥，姜切成末。

2.锅内放食用油烧热，放肉末翻炒，烹料酒，放茄泥、苦瓜末、西红柿末，随即加姜末、蒜泥、辣椒粉煸炒均匀，加糖、酱油，用水淀粉勾芡，放味精炒匀，出锅即可。

【营养功效】茄子含有龙葵碱，能抑制消化系统肿瘤的增殖，对于防治胃癌有一定效果。此外，茄子还有清退癌热的作用。

## 小贴士

手术前吃茄子，麻醉剂可能无法被正常分解，会拖延病人苏醒时间，影响病人康复速度。

# 椒 盐 菠 菜

**主料：** 菠菜500克。

**辅料：** 火腿15克，虾米、鸡蛋2个，面粉50克，花椒、味精、盐、番茄酱、香油、食用油各适量。

## 制作方法

1.菠菜洗净；火腿、虾米均切成粒状；将蛋清入碗内，用力搅发，再加火腿、虾米、面粉、盐、味精调匀成糊状。

2.锅内放食用油，大火烧至七成热，将菠菜放入调匀的糊拌匀挂糊，一根根下油锅内炸酥，倒入漏勺沥油，再将菠菜盛入盘中，撒上花椒粉，淋入香油，盘边拼番茄酱即可。

【营养功效】菠菜中所含微量元素物质，能促进人体新陈代谢，增进身体健康。食用菠菜，可降低中风的危险。

## 小贴士

菠菜中草酸含量较高，一次食用不宜过多，应尽可能地多吃一些碱性食品，如海带，以促使草酸钙溶解排出，防止结石。

主料：茄子400克，青尖辣椒50克。

辅料：食用油、蒜、料酒、蚝油、淀粉、酱油、胡椒粉、糖、盐、味精各适量。

### 制作方法

1. 茄子洗净，去皮，切粗条；青尖辣椒洗净，去籽，切成条；蒜去皮，洗净，切成末。
2. 锅内放食用油烧热，放入茄子炸至色泽金黄；放入青尖辣椒，即刻捞出沥尽油。
3. 锅内留少许油，放入蚝油、蒜末煸炒出香味，加料酒、酱油、适量清水，放入茄子、酱油、胡椒粉、糖、盐、味精，烧开，勾入水淀粉，盛入煲锅即可。

【营养功效】茄子含有丰富的维生素P及维生素E，具有保护血管、防治坏血病的功效，茄子还有抗氧化作用，常吃茄子能抗衰老。

### 小贴士

茄子在烹调前放入热油锅中炸，再与其他材料同炒，便不容易变色。

尖椒茄子煲

主料：蚕豆100克，茭白400克，红辣椒100克。

辅料：葱、盐、胡椒粉、鸡精、姜、淀粉、食用油、排骨酱各适量。

### 制作方法

1. 将茭白洗净切成片，用开水烫一下，捞出沥干水分；葱、姜洗净，切成末；红辣椒洗净，切成片。
2. 锅内放食用油烧至四成热，放入葱末、姜末炒香，倒入蚕豆、红辣椒片、茭白煸炒，再加入排骨酱、盐、胡椒粉、鸡精和适量清水，用水淀粉勾薄芡，炒匀即可。

【营养功效】茭白含较丰富的碳水化合物、蛋白质及各类维生素，能补充人体营养；夏天食用消暑解烦；当下酒菜还能起到解酒作用。

### 小贴士

茭白以春夏季的质量最佳，营养素较丰富，但茭白也含有较多的草酸，其钙不容易被人体吸收。

茭白炒蚕豆

主料：鸡肉100克，雪里蕻40克。

辅料：毛豆仁15克，红辣椒50克，酱油、料酒、食用油、淀粉、鸡精各适量。

### 制作方法

1. 雪里蕻切末；毛豆仁去皮，洗净；红辣椒切末。
2. 鸡肉洗净，切丁，放入碗中加酱油、淀粉拌匀，腌15分钟。
3. 锅中放食用油烧热，依次放入红辣椒、毛豆仁炒香，加入鸡肉丁及雪里蕻炒熟，再加入鸡精、料酒炒匀即可。

【营养功效】雪里蕻含胡萝卜素和多种维生素，能增进食欲、帮助消化。雪里蕻含有大量的抗坏血酸，能增加大脑中氧含量，激发大脑对氧的利用，有醒脑提神、解除疲劳的作用。

### 小贴士

雪里蕻本身是腌渍品，所以调味时一定要注意酱油的用量，以免菜肴过咸。

雪里蕻炒鸡丁

外婆菜

主料：芽菜（腌）200克，老豆腐、五花肉末各100克。

辅料：嫩青椒、豆豉、花椒油、姜、蒜、老抽、盐、糖、瑶柱素、料酒、食用油各适量。

**制作方法**

1.芽菜切蓉；嫩青椒洗净，切片，先不要放油干煸一下，再加盐、食用油煸炒。

2.肉末先加盐、糖、瑶柱素、料酒、老抽腌制一下，然后放油炸一下，放姜、蒜、豆豉、芽菜炒匀，出锅。

3.锅内留适量油，再把切成丁的老豆腐煎一下，待干黄时放盐入味。

4.豆腐煎好后再把炸好的肉末、芽菜、青椒放入搅匀，加花椒油，出锅即可。

【营养功效】芽菜中无机盐、微量元素和维生素$B_1$、维生素$B_2$含量丰富。

**小贴士**

芽菜含盐较多，高血压、肾病患者慎食。

豆瓣大头菜

主料：大头菜250克。

辅料：红辣椒70克，豆瓣辣酱10克，蒜、香油、味精、白醋、糖、食用油、盐各适量。

**制作方法**

1.将蒜、红辣椒都切成片；大头菜去皮后切片，加盐抓腌五六分钟，冲洗净后沥干水分。

2.锅内放食用油烧热，放入豆瓣辣酱炒香后盛出，待凉备用。

3.将蒜片、辣椒片、用盐抓腌后的大头菜片，加炒香的辣豆瓣酱、香油、味精、白醋、糖搅拌均匀后，浸腌约30分钟，待入味即可食用。

【营养功效】大头菜中含有某种"溃疡愈合因子"，对溃疡有着很好的治疗作用，能加速创面愈合，是胃溃疡患者的有效食品。

**小贴士**

大头菜应该尽快食用，搁放几天后，大量的维生素C被破坏，会减少营养成分。

虎皮尖椒

主料：尖椒200克。

辅料：生抽、醋、盐、糖、鸡精、食用油各适量。

**制作方法**

1.尖椒洗净，去蒂，将其一分为二，待用。

2.炒锅放火上烧热，不放油，将尖椒放入，煸炒至青椒表面变焦糊，在煸炒的时候要不时翻炒，让青椒均匀受热，并且用炒勺不断按压尖椒，将尖椒的水分炒出来，使其变蔫。

3.待尖椒变蔫，表面发白且有焦糊点时（不要全糊），加油翻炒，加生抽、盐翻炒，加醋、糖、鸡精，炒匀即可。

【营养功效】辣椒含有较多抗氧化物质，可预防癌症及其他慢性疾病。

**小贴士**

尖椒要选择个头较大、肉质较厚的，并根据口味选择"不辣"、"微辣"或者"巨辣"的品种。将尖椒的籽去掉可以减轻辣度，口感也更好。

主料：猪肉80克，小油菜300克。

辅料：盐、味精、食用油、辣椒油、香油、豆豉、剁辣椒各适量。

**制作方法**

1.猪肉洗净，剁成肉末；小油菜洗净，切小段；豆豉剁细。

2.锅内入食用油烧热，入豆豉稍炒后，加入肉末、小油菜翻炒均匀。

3.加入剁辣椒同炒片刻，调入盐、味精、辣椒油、香油炒匀，起锅盛入碗中即可。

【营养功效】小油菜含有大量胡萝卜素和维生素C，有助于增强机体免疫能力。

**小贴士**

有慢性病者应少食油菜。

主料：洋葱200克，芹菜100克。

辅料：辣椒20克，蒜末、香菜、番茄酱、甜辣酱、酱油、糖、菠萝罐头、柠檬汁各适量。

**制作方法**

1.洋葱切丝；芹菜切段，用适量盐稍腌；辣椒切丝；香菜切段；菠萝切小片。

2.将洋葱、芹菜、辣椒、蒜末加入番茄酱、甜辣酱、酱油、糖、菠萝罐头汁、柠檬汁一起搅拌。

3.最后再加入香菜拌匀，即可。

【营养功效】洋葱营养丰富，气味辛辣，能刺激胃、肠及消化腺分泌，增进食欲，促进消化。

**小贴士**

过量食用洋葱会产生胀气并排气过多，给人造成不快。

主料：黄瓜400克。

辅料：食用油40毫升，盐、干辣椒、花椒、葱、味精、香油各适量。

**制作方法**

1.黄瓜洗净去蒂，切成约4厘米长、1厘米粗的条，码盐适量；葱切成马耳朵形。

2.炒锅置大火上，加食用油烧至五成热，放入干辣椒炒至呈棕褐色时下花椒炒出香味，再放黄瓜快速炒匀，最后加入盐、味精、葱炒至断生，淋香油起锅即可。

【营养功效】老黄瓜中含有丰富的维生素E，可起到延年益寿、抗衰老的作用；黄瓜中的黄瓜酶，有很强的生物活性，能有效促进机体的新陈代谢。

**小贴士**

黄瓜在冰箱内约可存放两周。

湘味肉末小油菜

凉拌洋葱

炝黄瓜

鸡汁脆笋

主料：鸡汁脆笋300克，红辣椒100克。

辅料：食用油、葱、盐、味精、料酒、酱油、胡椒粉各适量。

**制作方法**

1.红辣椒洗净，切丝；葱洗净，切段。

2.锅内倒入食用油烧热，下入红辣椒炒香，调味，下入鸡汁脆笋，烹入料酒、酱油翻炒，入葱段，淋香油即成。

【营养功效】笋味甘、微寒、无毒，具有清热化痰、益气和胃等作用。

**小贴士**

此菜酱油上色不宜过浓，炒制时间不要太长。

脆炒南瓜丝

主料：嫩南瓜400克。

辅料：盐、味精、食用油、香油、青椒各适量。

**制作方法**

1.嫩南瓜去皮，洗净，切丝；青椒洗净，切丝。

2.锅置火上，入食用油烧热，下入南瓜丝、青椒丝快速翻炒3分钟。

3.调入盐、味精、香油炒匀，起锅盛入盘中即可。

【营养功效】南瓜所含果胶还可以保护胃道黏膜免受粗糙食品刺激，促进溃疡愈合。

**小贴士**

距南瓜皮越近的部分，营养越丰富。

香辣土豆块

主料：土豆500克，干红辣椒50克。

辅料：白醋、盐、味精、食用油、葱花、姜末各适量。

**制作方法**

1.土豆洗净，去皮，切成滚刀块；干红辣椒去蒂及籽，切小段，洗净，泡软备用。

2.油锅上火烧至七成热，下入土豆块炸至熟透呈金黄色时，倒入漏勺。

3.炒锅上火烧热，加少许底油，用姜末炝锅，下入红辣椒煸炒，出红油后再放入土豆块，烹白醋，添汤，加盐、味精翻炒均匀，撒葱花出锅即可。

【营养功效】土豆具有和中、养胃、利温、消湿、健脾益气、解毒等功效。土豆中维生素的总含量约相当于西红柿的4倍。

**小贴士**

干红辣椒用清水泡软才能煸炒，否则易糊。

豆制品类

# 豆制品类食品注意事项

## 认识豆腐

豆腐是淮南王刘安在炼制丹药时发现并取名的。豆腐营养丰富，含有铁、钙、磷、镁等人体必需的多种微量元素，还含有糖类、食用油和丰富的优质蛋白，素有"植物肉"之美称。人体对豆腐的消化吸收率达95%以上。两小块豆腐，即可满足一个人一天钙的需要量。

豆腐的主料是黄豆、绿豆、白豆、豌豆等。制作前先把豆去壳洗净，用水浸泡一段时间，加入一定比例的清水，磨成豆浆，然后用特制的布袋将豆浆装好，收好袋口，用力挤压，将豆浆榨出布袋，入锅煮沸，煮好后加入盐卤或石膏，令其凝固，再舀出放入其他容器内，用布包好，盖上木板，压10~20分钟，即为水豆腐。

豆制品主要分为两大类，即发酵性豆制品和非发酵性豆制品。发酵性豆制品以是大豆为主料，经微生物发酵而成的，如腐乳、豆豉。非发酵性豆制品是指以大豆或其他杂豆为主料制成的，或豆腐再经卤制、炸卤、熏制、干燥的豆制品，如豆腐丝、豆腐皮、豆腐干、素火腿等。

## 主要豆腐制品

南豆腐：又称石膏豆腐，它以石膏液为成型剂，质地比较软嫩、细腻。

北豆腐：又叫卤水豆腐，它以卤水为成型剂，质地较南豆腐坚硬。

豆腐皮：将黄豆筛洗、脱皮、浸泡、制浆、煮浆、过滤、蒸浆、揭皮凉晒至干而成，口感软韧清香，是妇、幼、老、弱皆宜的食用佳品。

腐竹：由黄豆去皮、浸泡、磨浆、煮浆、过滤、提取、烘干而成，成品脆干，口感极为独特，可烧、炒、凉拌以及汤食。

豆花：全名豆腐花，又称豆腐脑或豆冻，是由黄豆浆凝固后形成的中式食品。豆花比豆腐更加嫩软，制作时需要用到盐卤或石膏。

## 如何挑选豆腐

视觉法：优质豆腐呈均匀的乳白色或淡黄色，稍有光泽。

切块法：视其切口处，优质豆腐质地细嫩、无杂质、有一定弹性。

嗅觉法：常温条件中，优质豆腐清香纯正，劣质豆腐则有豆腥味。

## 烹调豆腐的方法

焖制：把切成块的豆腐放进180℃高温的食用油煎至表皮稍硬、色泽金黄，然后炒香蒜蓉、姜丝、菇丝、肉丝，加进汤水和调料，放进炸过的豆腐略焖成菜，即为芳香味浓的红烧豆腐。豆腐改炸为煎或飞水亦可。

蒸制：将切成扁长方块的豆腐、薄火腿片、冬菇片在碟上排上两三行，用中火蒸8分钟，伴以熟青菜，撒上葱花、胡椒粉，烧上热油，淋上生抽等调味料，便是造型美观、味道鲜美的"麒麟豆腐"。

炸制：豆腐切成方块或菱形块，裹上干淀粉，放进180℃的热油中炸至表皮酥脆，即可制成各式脆皮豆腐菜式。

煲制：将经过初步熟处理（炸、煎或飞水）的豆腐放在锅内，加入虾米、冬菇、带子、虾球、汤水、调料制成。

烩制：蒸熟的鱼，拆肉去骨，与豆腐烩成"豆腐鱼蓉羹"，此羹香滑清鲜，四季皆宜。烩制时要配以菇丝、姜丝、韭黄等辅料。

滚制："豆腐鱼头汤"是家喻户晓的传统菜。它以气味清香、滋味鲜甜、汤色奶白为特色。制作时，鱼头要煎透，用滚水，火要猛。

## 豆腐食用宜忌

豆腐虽好，但不宜天天吃，一次食用也不要过量。以下是豆腐食用过量引起的问题：

1.引起消化不良。一次食用过多不仅阻碍人体对铁的吸收，而且容易引起蛋白质消化不良，出现腹胀、腹泻等不适症状。

2.促使肾功能衰退。人到老年，肾脏排泄废物的能力下降，大量食用豆腐会使体内生成的含氮废物增多，加重肾脏的负担，使肾功能进一步衰退，不利于身体健康。

3.促使动脉硬化形成。豆制品中含有极为丰富的蛋氨酸，在酶的作用下可转化为半胱氨酸，会损伤动脉管壁内皮细胞，易使胆固醇和甘油三酯沉积于动脉壁上，促使动脉硬化形成。

4.导致碘缺乏。制作豆腐的大豆含有一种叫皂角苷的物质，它不仅能预防动脉粥样硬化，还能促进人体内碘的排泄。

5.促使痛风发作。豆腐含嘌呤较多，嘌呤代谢失常的痛风病人和血尿酸浓度增高的患者多食易导致痛风发作。

# 洞庭臭干

主料：臭干250克，豆芽、平菇片各100克。

辅料：蒜黄、灯笼椒、盐、味精、料酒、高汤、食用油各适量。

**制作方法**

1.臭干切块，入淡盐水焯水入味；豆芽、平菇片入淡盐水焯水入味，垫于碗底。

2.将臭干块放在豆芽、平菇片上，放入蒜黄、灯笼椒。

3.高汤煮沸，加盐、味精、料酒调味，倒入碗内，淋热油即可。

【营养功效】臭干富含的植物蛋白质经过发酵，分解为氨基酸，产生了酵母等物质，能增进食欲、帮助消化。

**小贴士**

无根豆芽多数是以激素和化肥催发的，是国家食品卫生管理部门明文禁止销售和食用的蔬菜之一。

# 酿蛋黄豆腐

主料：豆腐300克，鸭蛋黄6个。

辅料：葱段、姜片、食用油、清汤、淀粉、料酒、酱油、盐、香油各适量。

**制作方法**

1.把豆腐放沸水内烫一下，捞出，用冷水过凉，沥净水，切大块，用小勺挖出少许豆腐；鸭蛋黄放碗里，加上葱段、姜片、料酒和清汤，上屉蒸约5分钟，取出蛋黄，填入豆腐块里。

2.锅内放食用油烧至六成热时，轻轻放入蛋黄豆腐，用中小火将豆腐表面煎至色泽黄亮，捞出。

3.净锅置火上，滗入蒸蛋黄的汤汁，加上酱油、盐煮沸，放入蛋黄豆腐，用小火烧煮5分钟，水淀粉勾芡，淋上香油，出锅装盘即可。

【营养功效】鸭蛋中的蛋白质含量和鸡蛋相当，而矿物质总量远胜鸡蛋，尤其铁、钙含量极为丰富，能预防贫血、促进骨骼发育。

**小贴士**

此菜应选择客家豆腐或老豆腐，不宜选择嫩豆腐。

# 青椒拌豆干

主料：豆干6块。

辅料：青、红辣椒各2个，葱、蒜、酱油、糖、黑醋、香油各适量。

**制作方法**

1.青椒洗净切丝，放入滚水中余熟，捞出，浸入凉开水中，待凉捞出；红辣椒洗净，去蒂，切丝；蒜去皮，切末；葱洗净，切碎。

2.豆干洗净，放入滚水中煮熟，捞出，切粗丝，装在碗中加酱油、糖、黑醋、蒜末搅匀。

3.再加上葱花、青椒丝和红辣椒丝拌匀，食用时淋上香油即可。

【营养功效】豆干营养丰富，含有大量蛋白质、脂肪、碳水化合物，还含有钙、磷、铁等人体所需的多种矿物质。

**小贴士**

凉拌的豆干，一定要先用水煮熟回软，才能彻底入味。

主料：老豆腐450克，鸡胸肉100克。

辅料：食用油、高汤、盐、红糖、老抽、料酒、鱼露、卤料包（姜、大料、桂皮、丁香、陈皮、茴香、草果、甘草）、蒜苗各适量。

#### 制作方法

1.锅置火上，注入适量高汤煮沸，加盐、红糖、老抽、鱼露，放入卤料包，中火煮30分钟，捞出卤料包，制成卤水。

2.老豆腐稍洗，切块，入油锅稍炸捞出，放入卤水中，小火煮20分钟后熄火，浸泡10分钟；蒜苗洗净，切段，入沸水锅中稍烫捞出；老豆腐捞出，盛盘，淋卤汁，放入蒜苗。

3.鸡胸肉洗净，切丝，加盐、料酒腌渍。锅内放食用油烧热，放入鸡丝滑熟后，盛于豆腐上即可。

【营养功效】吃蒜苗能有效预防流感、肠炎等因环境污染引起的疾病。

#### 小贴士

蒜苗煮的时间过长就会软烂，因此只要下锅以大火略炒至香气逸出并均匀受热即可。

主料：豆皮350克。

辅料：食用油、盐、辣椒酱、香菜各适量。

#### 制作方法

1.香菜洗净，切碎，盛入盘中。

2.豆皮洗净，切长条，放入加有盐的沸水锅中焯水后捞出，沥干水分，加入辣椒酱拌匀，置于香菜上即可。

【营养功效】豆腐皮中含有的大量卵磷脂，能防止血管硬化、预防心血管疾病、保护心脏。

#### 小贴士

豆皮不适宜高脂血症、高胆固醇、肥胖者食用。

主料：干豆腐300克，辣椒（青、尖）50克。

辅料：葱、姜、料酒、酱油、盐、味精、糖、淀粉、老汤、食用油各适量。

#### 制作方法

1.干豆腐切条；辣椒切滚刀片。

2.炒锅内放食用油烧热，下入葱末、姜末煸炒变色，加料酒、酱油、盐、糖、老汤200毫升，再下入干豆腐条，待烧透时下入辣椒片、味精翻炒。

3.用水淀粉勾芡，淋入食用油炒匀，出锅装盘即可。

【营养功效】干豆腐含有丰富的蛋白质、氨基酸、卵磷脂和钙等矿物质，可降低胆固醇、防止血管硬化、预防心血管疾病、保护心脏、促进骨骼发育。

#### 小贴士

缺铁性贫血患者少食干豆腐。

老豆腐

辣拌豆皮

尖椒炒干豆腐

## 香辣豆腐干

**主料**：豆腐干300克。

**辅料**：红干椒15克，盐4克，味精2克，花椒10克，食用油50毫升，老抽适量。

### 制作方法

1.将豆腐干切成约1厘米见方的小丁；红干椒切碎；花椒粒用食用油稍炸，擀碎待用。

2.锅内放食用油烧热，放豆腐干丁稍炸，捞出控油。

3.原锅留油，放入碎干椒、花椒炝锅，倒入豆腐干炒匀，入盐、味精调味，加老抽上色，炒匀即可。

【营养功效】辣椒含有辣椒素，能刺激人的食欲，具有健脾开胃的功效。辣椒中维生素C的含量在蔬菜中居第一位。

### 小贴士

体型偏瘦的人冬季适当减辣。中医认为，瘦人多属阴虚和热性体质，如果过食辛辣，可能导致出血、过敏和炎症。

## 芹菜炒香干

**主料**：芹菜250克，豆腐干50克。

**辅料**：红辣椒、食用油、香油、味精、料酒、盐、葱末各适量。

### 制作方法

1.将芹菜洗净，去根、叶和老筋，切段；豆腐干切细丝；红辣椒切丝。

2.将芹菜用开水焯一下，锅中倒入食用油、葱末炝锅，放入芹菜煸炒至熟。

3.放入豆腐干丝、红辣椒丝，烹入料酒，加味精、盐调味，淋香油，翻炒片刻即可。

【营养功效】芹菜是高纤维食物，能产生抗氧化剂的物质。常吃芹菜，有利湿止带、清热利尿的功效，对预防高血压、动脉硬化等十分有益。

### 小贴士

挑选芹菜时，掐一下芹菜的杆部，易折断的为嫩芹菜，不易折断的为老芹菜。

## 蒜苔炒香干

**主料**：青蒜苗250克，豆腐干200克。

**辅料**：红辣椒1个，椒盐、味精、食用油各适量。

### 制作方法

1.将豆腐干洗净，切成条形；将青蒜苗洗净，切段；红辣椒洗净，切成蒜苗大小的段。

2.锅中放食用油烧热，放入青蒜苗煸炒至翠绿色时，放入豆腐干翻炒，加椒盐继续炒，放辣椒炒至熟，加味精调味，出锅即可。

【营养功效】青蒜苗富含蛋白质、脂肪、碳水化合物、膳食纤维，可美容养颜、乌发护发。

### 小贴士

青蒜煮的时间长了会软烂，因此，以大火略炒至蔬菜香气逸出并均匀受热即可，以保证其清爽的口感。

**主料**：豆腐250克，青椒50克。

**辅料**：葱、姜、蒜、盐、味精、糖、料酒、豆瓣酱、酱油、香油、食用油各适量。

### 制作方法

1.将豆腐切长方形片，入油锅炸至金黄色捞出；青椒洗净切块；葱、姜、蒜均切末备用。

2.锅内放食用油烧热，加葱、姜、蒜末及豆瓣酱炒出香味，加料酒、糖、盐、酱油、味精调味，放豆腐、青椒炒2分钟左右，淋入适量香油，出锅即可。

【营养功效】北豆腐有点苦味，但其镁、钙的含量更高一些，能帮助降低血压和血管紧张度，能预防心血管疾病的发生，还有强健骨骼和牙齿的作用。

### 小贴士

炸豆腐注意火候，过火的豆腐吃起来很老。

青椒炒豆腐

**主料**：豆腐干300克，胡萝卜100克，木耳50克。

**辅料**：料酒15毫升，香油5毫升，食用油40毫升，姜、盐、清汤、味精、糖、葱各适量。

### 制作方法

1.将豆腐干制成蓑衣花刀，然后放到热油锅中炸至呈金黄色时捞出控油。

2.将胡萝卜洗净去皮，切成斜象眼片；冬笋切片；木耳洗净。

3.锅内放食用油烧热，下入葱段、姜片煸炒出香味，加清汤、盐、料酒、味精、糖、豆腐干，中火炖10分钟，倒入胡萝卜、冬笋、木耳煮至熟透，淋上香油，盛出即可。

【营养功效】此菜含有丰富的蛋白质、脂肪、碳水化合物、膳食纤维、维生素A、维生素C、钾等。

### 小贴士

蓑衣花刀是指先在豆腐干的一面用直刀剞1遍，翻过来再斜刀剞1遍，刀口一定要均匀，以不断为准。

三鲜花干

**主料**：豆腐皮300克，红辣椒30克。

**辅料**：蒜、香菜、盐、食用油、香油各适量。

### 制作方法

1.豆腐皮洗净，切成丝；红辣椒去蒂，洗净，切圈；香菜洗净，切段；蒜拍破，切成蓉。

2.锅内放食用油烧热，下蒜蓉爆香，倒入豆皮丝翻炒，加适量清水和盐，放入辣椒，翻炒至熟。

3.装盘，倒入香油搅拌，撒上香菜即可。

【营养功效】豆腐皮营养丰富，蛋白质含量高，还有较多人体必需的微量元素、维生素、氨基酸等，是男女老幼皆宜的高蛋白保健食品。

### 小贴士

老年人适合吃豆腐皮。

香拌豆皮丝

三
角
豆
腐

**主料：** 水豆腐500克，黑豆豉100克。

**辅料：** 猪骨汤1500毫升，辣椒粉、味精、盐、酱油、葱花、蒜、香油、食用油各适量。

**制作方法**

1.将水豆腐沥干水分，对角划开成三角形；黑豆豉、盐放入猪骨汤内，烧制成豆豉骨头汤。

2.锅内加食用油烧至六成热，放入豆腐，炸至金黄色时取出沥干油。

3.净锅内加豆豉骨头汤浇沸，倒入炸豆腐，煮约30分钟熄火，加辣椒粉、葱花、蒜瓣、酱油、味精，淋香油，倒入汤碗即可。

【营养功效】豆腐含有半胱氨酸，能加速酒精在身体中的代谢，减少酒精对肝脏的毒害，起到保护肝脏的工作。

**小贴士**

大豆中含有一些破坏维生素的成分，对人体健康有不良影响，但只要适当加热即可消除。

豆
花
冒
鹅
肠

**主料：** 鹅肠350克，豆腐脑150克。

**辅料：** 芹菜30克，辣椒酱25克，食用油、鲜汤、味精、盐各适量。

**制作方法**

1.鹅肠洗净，切成段；香芹洗净，切碎。

2.锅内放食用油烧热，下辣椒酱炒出香味，加入鲜汤、盐、味精、豆腐脑，煮至入味后捞出，装入盘中。

3.另起锅，在滚汤中放入鹅肠，煮至八成熟时捞出，盛于豆花上，浇上原汤，撒上香芹末即可。

【营养功效】鹅肠具有益气补虚、温中散血、行气解毒的功效。

**小贴士**

挑选鹅肠时，以颜色乳白、外观厚粗者为佳。

咸
鱼
蒸
豆
腐

**主料：** 嫩豆腐200克，咸鱼200克。

**辅料：** 猪肋条肉40克，辣椒、姜、酱油、料酒、食用油各适量。

**制作方法**

1.咸鱼去头、尾，片下两面鱼肉，切成块；豆腐切片。

2.猪肉切细丝；辣椒、姜均切细丝。

3.将豆腐先排于盘底，接着放咸鱼，于中段分别撒上猪肉丝、辣椒丝、姜丝，油调匀淋在鱼上，撒上料酒、酱油，上笼中火蒸20分钟即可。

【营养功效】豆腐营养丰富，除有增加营养、帮助消化、增进食欲的功能外，对牙齿、骨骼的生长发育也颇有益。

**小贴士**

咸鱼宜少量食用，如果长期大量食用易患鼻咽癌。

# 乡村煎豆腐

**主料：** 豆腐300克，五花肉150克。

**辅料：** 食用油、盐、味精、胡椒粉、料酒、老抽、香油、红辣椒、蒜苗各适量。

## 制作方法

1. 豆腐稍洗后，切片；五花肉洗净，切片；红辣椒洗净，切圈；蒜苗洗净，切段。
2. 锅内放食用油烧热，放入豆腐煎至两面金黄后捞出；锅内留油烧热，放入五花肉片煸炒片刻后盛出。
3. 另起一锅置火上，入少量食用油烧至八成热，放入红辣椒、蒜苗炒香，加入豆腐、肉片同炒，调入盐、味精、胡椒粉、料酒、老抽炒匀，起锅前淋入香油即可。

【营养功效】胡椒的主要成分是胡椒碱，也含有一定量的芳香油、粗蛋白、粗脂肪及可溶性氮，能祛腥、解油腻、助消化。

**小贴士**
黑椒与肉食同煮，时间不宜太长，以免香味挥发。

# 酥炸素黄雀

**主料：** 油豆腐300克。

**辅料：** 鲜香菇50克，冬笋70克，土豆25克，圆白菜250克，泡打粉、面粉、食用油、料酒、盐、味精、糖、胡椒粉、淀粉、番茄酱、香油各适量。

## 制作方法

1. 土豆去皮，上笼蒸熟取出，压成泥；圆白菜切成丝，加盐腌一下，挤干水分，加糖、番茄酱拌匀；水发香菇、冬笋均洗净，切成粒，下入油锅炒熟，烹料酒，加盐炒入味，然后放入土豆泥、糖、味精、胡椒粉、香油搅拌成馅。
2. 油豆腐切开一半，由里向外翻过边，把馅填入油豆腐内。
3. 用适量面粉、水淀粉、泡打粉调匀成糊。
4. 锅内放食用油烧到六成热，将填入馅的油豆腐裹上面糊，下入油锅内炸焦酥呈金黄色，捞出沥去油，撒香油，拼番茄酱、圆白菜丝即可。

【营养功效】油豆腐富含优质蛋白、多种氨基酸、不饱和脂肪酸及磷脂等，另外铁、钙的含量也很高。

**小贴士**
豆腐经油炸后容易氧化，若不能及时食用应尽快冷冻保存。

# 老干妈辣豆腐

**主料:** 豆腐400克,上海青80克,洋葱少许。

**辅料:** 盐3克,食用油、生抽、辣椒油、红油、淀粉、豆豉、青椒、红辣椒、葱各适量。

### 制作方法

1. 豆腐稍洗,切厚片;上海青对切,洗净;青椒、红辣椒、洋葱均洗净,切碎粒;葱洗净,切葱花。
2. 锅内入食用油烧热,下入豆腐煎至两面金黄时盛出,再热油锅,入豆豉、洋葱、青椒、红辣椒炒香,再倒入豆腐翻炒均匀。
3. 注入少许清水烧沸,调入盐、生抽、辣椒油、红油煮至豆腐入味,以水淀粉勾芡,起锅盛入盘中,撒上葱花。将上海青焯水后摆入豆腐中即可。

【营养功效】上海青富含纤维,可以有效改善便秘。

### 小贴士

以选择颜色嫩绿、新鲜肥美、叶片有韧性的上海青为佳。

# 黄豆焖猪蹄

**主料:** 猪蹄700克,黄豆100克。

**辅料:** 食用油、盐、胡椒粉、老抽、料酒、冰糖、香菜各适量。

### 制作方法

1. 黄豆泡发,洗净;猪蹄洗净后,剁成块,放入沸水锅中煮至表面变色后捞出。
2. 锅置火上,放入冰糖烧至融化,加入猪蹄,使其均匀地裹上糖色。
3. 另起一净锅置火上,注入适量清水以大火烧沸,放入猪蹄、黄豆,调入胡椒粉、老抽、料酒拌匀,盖上锅盖,改小火焖煮2小时,加入适量盐,待煮至汤汁浓稠时,起锅装入碗中,撒上香菜即可。

【营养功效】黄豆含有异黄酮,是一种结构与雌激素相似、能够减轻女性更年期症状、延迟细胞衰老、促进骨生成、降血脂等。

### 小贴士

喝豆奶长大的孩子,成年后引发甲状腺和生殖系统疾病的风险系数增大。

---

# 毛渣烧豆腐

**主料**：老豆腐350克，猪肉末50克。

**辅料**：红辣椒10克，香葱5克，盐3克，味精2克，酱油5毫升，香油5毫升，食用油、淀粉各适量。

**制作方法**

1. 老豆腐洗净，切成四方形小块，撒上少许盐腌渍；红辣椒、香葱洗净，切碎。
2. 锅中加食用油烧热，下入豆腐煎至两面金黄色后，捞出装盘。
3. 将红辣椒和肉末炒香，再加入盐、味精、酱油调味，最后以淀粉勾芡，起锅淋在豆腐上，再撒上葱花，淋上香油即可。

【营养功效】此菜具有益气宽中、生津润燥、清热解毒、和脾胃、抗癌等功效。

**小贴士**
此菜适宜身体虚弱、营养不良、气血双亏、年老赢瘦者食用。

# 臭豆腐烧排骨

**主料**：猪中排500克，臭豆腐150克，青、红辣椒各25克。

**辅料**：食用油、盐、味精、鸡精、蚝油、料酒、酱油、辣椒酱、豆瓣酱、葱、姜、蒜、红油、香油、水淀粉、鲜汤各适量。

**制作方法**

1. 排骨洗净，剁段；青、红辣椒均切滚刀块；姜切片；蒜去蒂，爆香待用。
2. 锅内放食用油大火烧至六成热，下入臭豆腐，炸至外皮酥脆、内部熟透时倒入漏勺沥干油。
3. 锅内留底油，下入姜片炒香，再放入排骨，烹入料酒，反复煸炒至表面呈红黄色，加入盐、味精、蚝油、鸡精、豆瓣酱、辣椒酱、鲜汤，大火煮沸，撇去浮沫，转用小火烧至排骨八成烂时，放入青、红辣椒块、臭豆腐、蒜烟入味，大火收浓汤汁，勾芡，淋香油、红油，撒上葱段，出锅装盘即可。

【营养功效】臭豆腐中富含植物性乳酸菌，具有很好的调节肠道及健胃的功效。

**小贴士**
湖南特产的辣椒酱，具有猛辣、鲜红的特点。

# 芋头豆腐

**主料:** 豆腐、芋头各200克。

**辅料:** 辣椒酱30克，淀粉、泡椒、花椒粉、葱白、盐、生抽、味精、香油、蚝油、糖、料酒、五香粉、高汤、食用油各适量。

## 制作方法

1. 将芋头刮洗干净，切成滚刀块，用盐、五香粉拌匀，入笼蒸熟。
2. 豆腐切成片，投入八成热的油锅内炸至金黄色，捞出。
3. 泡椒去蒂；葱白洗净，切节。
4. 锅内放食用油烧至五成热，下辣椒酱、泡椒炒出味，加高汤、料酒、盐、糖、蚝油、生抽，倒入芋头块、豆腐片、葱白节烧入味，下湿淀粉、花椒粉翻炒均匀，加味精，淋香油，起锅入盘即可。

【营养功效】芋头富含蛋白质、钙、磷、铁、钾、镁、钠、胡萝卜素、烟酸、维生素C、B族维生素、皂角甙等多种营养成分。

### 小贴士

芋头一定要烹熟，否则其中的黏液会刺激咽喉。

# 麻婆豆腐

**主料:** 嫩豆腐500克，牛肉末150克。

**辅料:** 干辣椒10克，豆瓣酱、生抽、糖、料酒、花椒粉、鸡精、食用油、盐、淀粉、姜末、葱花各适量。

## 制作方法

1. 嫩豆腐、干辣椒切成丁。
2. 锅内放半锅清水煮沸，加盐，将豆腐丁放入沸水中焯30秒，捞起沥干水备用；取一空碗，加入花椒粉、豆瓣酱、水淀粉、糖、生抽、料酒、鸡精、盐拌匀，做成麻辣酱汁待用。
3. 锅内放食用油烧热，以小火炒香姜末、干辣椒，倒入牛肉末炒至肉变色，再倒入麻辣酱汁，与牛肉末一同拌炒均匀，煮至沸腾。
4. 倒入嫩豆腐丁轻轻拌匀，倒入水淀粉勾芡，撒上花椒粉和葱花，装盘即可。

【营养功效】此菜富含动植物蛋白质、钙、磷、铁、维生素及碳水化合物，不但能健脾开胃，还能生津止渴、补充人体必需的八种氨基酸。

### 小贴士

豆腐切丁、焯水和烹调时，要尽量刀稳手轻，以免豆腐丁碎烂。

# 鸡丝魔芋豆腐

**主料：** 魔芋豆腐1000克，鸡胸脯肉150克。

**辅料：** 火腿、香菇（鲜）各50克，鸡蛋1个，食用油、料酒、盐、味精、胡椒粉、大葱、淀粉、鸡油各适量。

### 制作方法

1. 葱切段；香菇去蒂洗净，和火腿都切成丝；鸡肉去筋，切成5厘米长的细丝，用蛋清、淀粉、盐调匀浆好；魔芋豆腐切成方条，下入冷水锅中煮沸氽过，用开水泡上。
2. 锅内放食用油烧至五成热，放鸡丝，用筷子拨散滑至八成熟，倒入漏勺内沥油。
3. 锅内留底油，下入香菇丝、火腿煸一下，烹料酒，放入盐、味精、胡椒粉、魔芋豆腐，用水淀粉勾芡，加入葱段、鸡丝，淋入鸡油，装入盘内即可。

【营养功效】魔芋富含纤维，能吸附和稀释致癌物及有毒物，使之排出体外，具有防癌的功能。

### 小贴士

魔芋一般人群均可食用，尤其是糖尿病患者和肥胖者的理想食品。

# 蒜苗腊肉煎老豆腐

**主料：** 豆腐350克，木耳50克，腊肉200克，上海青150克，蒜苗35克。

**辅料：** 豆豉10克，盐5克，味精2克，酱油6克，红辣椒10克，食用油、姜片各适量。

### 制作方法

1. 豆腐洗净，切成四方形薄片；腊肉洗净切成片；木耳泡发，洗净，撕成小朵；上海青洗净，焯水备用；蒜苗洗净，切段。
2. 锅内放食用油烧至六成热，下入豆腐煎至两面金黄色后，捞出沥油。
3. 再次加油烧热，下腊肉炒至吐油后，倒入姜片、红辣椒、豆豉、蒜苗、木耳翻炒约5分钟，倒入豆腐一起炒匀，最后加盐、味精、酱油调味，装盘，以上海青围边即可。

【营养功效】上海青对皮肤和眼睛的保养有很好的效果。

### 小贴士

煎豆腐时火不要太大。

# 宫保豆腐丁

**主料：** 豆腐干200克，花生仁（生）75克。

**辅料：** 干红辣椒10克，红辣椒25克，青蒜50克，鸡汤、食用油、料酒、盐、酱油、味精、花椒粉、淀粉、香油各适量。

## 制作方法

1. 干红辣椒去蒂去籽，切段；红辣椒去蒂去籽，切片；青蒜洗净，切段；花生仁下入油锅炸焦捞出。
2. 将豆腐干切成2厘米长的大三角丁，下入放少许盐的开水锅内汆过捞出，沥水，装盘；用鸡汤150毫升、酱油、料酒、味精、水淀粉兑成汁。
3. 锅内放食用油烧至七成热，将豆腐丁放少许酱油拌匀，加淀粉浆好，下入油锅炸酥呈金黄色倒入漏勺沥油。
4. 锅内留底油，放干红辣椒炸至紫红色，随即下入红辣椒、青蒜加盐炒一下，倒入豆腐丁和兑汁、花椒粉、花生仁、香油，颠翻几下，装盘即可。

【营养功效】花生中含有一种生物活性物质，可以防治肿瘤类疾病。

### 小贴士

花生红衣的止血作用比花生高出50倍，对多种出血性疾病都有良好的止血功效。

# 酸辣魔芋豆腐

**主料：** 魔芋豆腐1200克。

**辅料：** 泡菜、猪肉（肥瘦）各50克，红辣椒25克，青蒜20克，食用油、料酒、盐、味精、醋、辣椒酱、淀粉、鸡汤、香油各适量。

## 制作方法

1. 青蒜洗净，切成花；辣椒去蒂去籽，洗净，切成粒；泡菜切成粒；猪肉剁成末。
2. 魔芋豆腐切成5厘米长、4厘米宽、1厘米厚的片，下入冷水锅中煮沸汆过，捞出，用开水泡上。
3. 锅内放入鸡汤、魔芋豆腐、盐煮过，倒入漏勺沥干水分。
4. 锅内放食用油烧至六成热，下入红辣椒、泡菜、猪肉煸炒出香味，加料酒、辣椒酱、盐、味精、醋、魔芋豆腐、鸡汤200毫升焖入味，加青蒜花，用水淀粉调稀勾芡，淋香油，装盘即可。

【营养功效】魔芋中的纤维能促进胃肠蠕动、润肠通便、减少肠对脂肪的吸收，有利于肠道病症的治疗，对防治高血压、冠状动脉硬化有重要意义。

### 小贴士

魔芋豆腐制作方法：把魔芋的球型根茎磨成粉末后加入水，做成胶态形状，再加消石灰等碱性物质，使它凝固即可。

# 豆泡炖骨头

**主料：** 猪骨350克，豆泡200克。

**辅料：** 盐、胡椒粉、辣椒酱、老抽、白醋、香菜各适量。

### 制作方法

1. 猪骨洗净，剁成大块，氽水后捞出；豆泡稍洗；香菜洗净，切段。
2. 锅置火上，注入适量清水以大火烧沸，放入猪骨，改用小火炖约1小时。
3. 调入盐、胡椒粉、辣椒酱、老抽、白醋拌匀，加入豆泡，续炖20分钟，淋入香油，起锅盛入碗中，撒上香菜即可。

【营养功效】此菜可以预防骨质疏松等中老年疾病。

**小贴士**
经常腹泻便溏者忌食豆泡。

# 香 辣 腐 竹

**主料：** 水发腐竹750克。

**辅料：** 冬笋、辣椒各50克，辣椒油、葱、姜、豆瓣酱、酱油、料酒、糖、香油、醋、素汤、盐、味精、食用油各适量。

### 制作方法

1. 腐竹切成粗丝，用开水氽透，捞出沥去水分；辣椒、冬笋、葱、姜均切丝；豆瓣酱剁成细泥。
2. 锅内放食用油烧至七成热时，投入腐竹，炸至金黄色，倒入漏勺，沥净油。
3. 另起锅把干辣椒丝炒至深红色，投入豆瓣酱、葱、姜煸出香味，待油色变红时，加素汤、糖、料酒、盐、酱油、腐竹丝、辣椒油、冬笋丝和醋煮沸，换小火，加盖焖烧至汤汁不多时起盖，再换大火，加味精，边烧边转动锅，边淋熟油至汁浓时，淋入香油，炒匀出锅，装盘即可。

【营养功效】与其他豆制品相比，腐竹的能量配比更加均衡。

**小贴士**
水发腐竹用凉水浸泡6小时即可。

## 鱼头冻豆腐

**主料：** 胖鱼头1个、冻豆腐100克。

**辅料：** 豆瓣、葱花、姜片、青菜、水发木耳、青蒜苗、红辣椒、食用油、酱油、糖、味精、盐、米酒各适量。

### 制作方法

1.将鱼头对剖洗净，以酱油2大匙、米酒1大匙抹匀，腌10分钟。

2.锅内放食用油烧热，将鱼头两面煎黄；冻豆腐切厚片；青菜切长段；蒜苗切丝；木耳切成大片；辣椒去籽，切片。

3.热油爆香豆瓣、葱花、姜片，再将水和调料调好味道，和鱼头一起倒入锅中，用大火煮沸，换小火煮15分钟，焖煮1小时，上桌前撒上蒜苗丝即可。

**【营养功效】** 鱼头和豆腐均含有丰富的营养物质，特别有益于大脑营养的补充。

### 小贴士

将豆腐冷藏，即为冻豆腐。

## 虎皮毛豆腐

**主料：** 毛豆腐250克。

**辅料：** 葱、姜、食用油、酱油、糖、辣椒酱、盐、味精、鲜汤各适量。

### 制作方法

1.每块毛豆腐分别切成3~4小块；锅架火上，放油烧至五六成热，将切好的毛豆腐平放锅内（不可相叠）。

2.煎至两面黄色、表皮起皱时，加入葱末、姜末、酱油、盐、糖和少许鲜汤；煮沸后再烧4~5分钟，加入味精，即可盛入盘内。食时蘸辣椒酱。

**【营养功效】** 豆腐的蛋白质含量丰富，而且豆腐蛋白属完全蛋白，不仅含有人体必需的八种氨基酸，而且比例也接近人体需要，营养价值较高。

### 小贴士

毛豆腐因经少量的油煎后，黄色中带虎皮斑而得名。

## 丝瓜炒豆腐

**主料：** 豆腐1000克、丝瓜700克。

**辅料：** 辣椒粉50克、姜、葱、盐、味精、淀粉、食用油、酱油各适量。

### 制作方法

1.将豆腐切成1厘米见方的小丁；丝瓜去厚皮，削去柄梗和花蒂，切成1厘米见方的丁。

2.锅内放食用油烧至八成热，放入豆腐、丝瓜炸一下，捞出沥油。

3.锅内下油少许，放入葱、姜、辣椒末煸炒，加入汤、盐、酱油、味精、豆腐、丝瓜，烧焖片刻；用水淀粉勾芡，出锅即可。

**【营养功效】** 丝瓜的营养价值很高。丝瓜中含有蛋白质、脂肪、碳水化合物、粗纤维、钙、磷、铁、瓜氨酸以及核黄素等B族维生素、维生素C。

### 小贴士

豆腐及丝瓜要分多次下锅炸，一次不要炸得太多，否则炸出的豆腐易碎。

主料：豆腐干250克，剁椒90克。

辅料：姜、葱、盐、鸡精、香油各适量。

**制作方法**

1.豆腐干切成长条，中火加热锅中的油，将切好的豆干双面略煎，当切口变成淡黄色时盛盘；姜切丝；葱切末。

2.把剁椒撒在已煎好的豆腐干上，放入盐、鸡精后拌匀，铺上姜丝，淋数滴香油。

3.将所有材料码在蒸锅中，隔水大火蒸20分钟，出锅后将所有材料拌匀，撒上葱末即可。

【营养功效】豆腐干含有丰富的蛋白质、维生素、钙、铁、镁、锌等营养元素，营养价值较高。豆腐干中所含的铁易被人体吸收，常食豆腐干对儿童和缺铁性病人很有益处。

**小贴士**

剁椒要炒香；香干要焯水除去异味。

剁椒蒸香干

主料：小黄瓜150克，素鸡100克。

辅料：蒜、红辣椒、盐、白醋、糖、辣椒酱、生抽、香油各适量。

**制作方法**

1.素鸡、小黄瓜洗净，均切片，放入沸水中余烫，捞起；红辣椒洗净去蒂，切末；蒜去皮，切末。

2.小黄瓜放在碗中，加盐、白醋抓拌并腌10分钟，待苦水流出以凉开水冲净，装于碗中。

3.碗中加入素鸡、红辣椒、糖、辣椒酱、生抽搅拌均匀，盛出，淋上香油即可。

【营养功效】黄瓜中含有丰富的维生素E，可起到延年益寿、抗衰老的作用。黄瓜尾部含有较多的苦味素，苦味素有抗癌的作用。

**小贴士**

素鸡是一种豆制食品。素鸡以素仿荤，口感与原肉难以分辨，风味独特。

黄瓜拌素鸡

主料：蚕豆300克，香干75克。

辅料：红辣椒50克，盐、糖、味精、香油、食用油、淀粉各适量。

**制作方法**

1.将蚕豆剥皮，除去豆眉，用冷水洗净，在沸水中煮熟；香干、红辣椒均切成小丁。

2.炒锅置中火上烧热，放食用油烧热，将蚕豆倒入，煸炒约10分钟。

3.把香干、红辣椒丁下锅，随即放入少许清水，加糖和盐烧1分钟。

4.加入味精，用水淀粉勾芡，颠动炒锅，淋上香油，盛入盘内即可。

【营养功效】香干含有丰富的蛋白质、维生素、钙、铁、镁、锌等营养元素，营养价值较高，多吃香干对防治骨质疏松有一定帮助。

**小贴士**

蚕豆不可生吃，应将生蚕豆多次浸泡焯水后再进行烹制。

蚕豆烧熏干

# 榨菜辣豆干

**主料：**豆腐干200克，榨菜100克。

**辅料：**红辣椒100克，大料1克，料酒、香油、酱油、冰糖、味精、五香粉、胡椒粉各适量。

### 制作方法

1. 将红辣椒清洗干净，切段；榨菜切成片；豆干切成滚切块，置于一旁待用。
2. 锅内放调味料（料酒、香油各5毫升，酱油20毫升、冰糖20克、味精1克、五香粉2克、大料1克、胡椒粉3克、水500毫升）及辣椒、榨菜、豆干入锅，汤汁煮沸后换小火继续煮半小时，煮至水分只剩下1/3时熄火，待凉时即可。

【营养功效】榨菜能健脾开胃、补气添精、增食助神；低盐保健型榨菜还能起到保肝减肥的作用。

### 小贴士

榨菜有"天然晕海宁"之说，晕车、晕船者在口中放一片榨菜咀嚼，会缓解烦闷情绪。

# 香油豆干丁

**主料：**豆腐干150克。

**辅料：**蒜、辣椒（红、尖）、葱、香菜、糖、味精、酱油膏、辣椒油、香油、花椒粉、醋各适量。

### 制作方法

1. 先将豆腐干切成小丁，放入开水锅中滚热，捞起，待凉备用；葱、辣椒、蒜、香菜洗净后，均切成末。
2. 将葱末、辣椒末、蒜末、香菜末及调料（糖、味精、酱油膏、辣椒油、香油、冷开水、花椒粉、醋）与豆干调拌均匀，再略腌3分钟，至味道渗入豆干丁中后即可。

【营养功效】豆腐干含有卵磷脂，可除掉附在血管壁上的胆固醇，防止血管硬化，预防心血管疾病，保护心脏。

### 小贴士

豆腐干可加工成卤干、熏干、酱油干等，是宴席中拌凉菜、炒热菜的上乘原料。

# 红烧虾米豆腐

**主料：**豆腐300克，虾米100克。

**辅料：**盐、糖、味精、香油、酱油、料酒、葱、姜、蒜、淀粉各适量。

### 制作方法

1. 将豆腐改刀成方丁，放入汤碗内用浅水浸；虾米用清水洗净后加入葱、姜、料酒，上笼蒸10分钟捞出。
2. 炒锅加清水，放入豆腐和适量盐煮沸后捞出。
3. 炒锅洗净加食用油烧热，用葱、姜、蒜末炝锅，倒入盐、糖、味精、酱油、豆腐、虾米、高汤调味，用水淀粉勾芡，淋香油起锅装盘。

【营养功效】虾米含有丰富的抗衰老的维生素E等，具有补肾壮阳、填精通乳之功效。

### 小贴士

虾为发物，急性炎症和皮肤疥癣及体质过敏者忌食。

主料：老豆腐350克，木耳50克。

辅料：干辣椒、生抽、老抽、冰糖各适量。

**制作方法**

1. 老豆腐洗净，切成大块；木耳洗净，撕成小朵。
2. 将所有调料下入锅中加水煮沸成卤水备用。
3. 将切好的豆腐块下入油锅中炸至金黄色，再和木耳一起放入卤水中煮约15分钟。

【营养功效】此菜具有提高记忆力等作用。

**小贴士**

脾胃虚寒、经常腹泻便溏者忌食。

卤水豆腐

---

主料：豆腐干400克 。

辅料：鸡蛋1个、青椒、干红辣椒、面粉、酱油、味精、盐、胡椒粉、辣椒酱、食用油各适量。

**制作方法**

1. 将每块豆腐干切成6片；鸡蛋打散，加酱油、盐、胡椒粉、味精、辣椒酱拌匀。
2. 青椒、干红辣椒洗净，放沸水中焯熟，切末；豆腐干片放入鸡蛋液中，蘸满鸡蛋液，每片再滚上一层面粉。
3. 平底锅内放食用油烧热，放滚上面粉的豆腐干片，逐个炸至呈金黄色，捞出装盘，撒上青、红辣椒末即可。

【营养功效】此菜营养丰富，具有增加食欲、帮助消化、降脂减肥等功效。

**小贴士**

平素脾胃虚寒、经常腹泻便溏之人忌食豆腐干。

脆烧豆腐干

---

主料：老豆腐500克，洋葱150克，青、红尖辣椒各50克。

辅料：盐3克，味精2克，糖5克，酱油15克，食用油、高汤各适量。

**制作方法**

1. 豆腐洗净，切成四方形块状；洋葱洗净，切成角；青、红尖辣椒洗净，切块。
2. 油锅烧热，下入豆腐块煎至两面金黄色后，下入洋葱与青、红尖辣椒一起翻炒。
3. 下入所有调料调味，再加高汤烧至味浓即可。

【营养功效】洋葱性温、味辛甘，有祛痰、利尿、健胃润肠、解毒杀虫等功能。

**小贴士**

洋葱以葱头肥大、外皮光泽、不烂、无机械伤和泥土的为佳。

红烧豆腐

# 香干牛肉丝

主料：五香豆干200克，牛肉400克。

辅料：青椒1个，红辣椒2个，淀粉、料酒、酱油、食用油、盐、糖各适量。

**制作方法**

1.五香豆干洗净，切丝；青椒、红辣椒分别去蒂，洗净，切丝备用；牛肉洗净，切丝。

2.把牛肉丝放入碗中，加入酱油、料酒、淀粉、食用油拌匀，腌10分钟，再放入油锅中炒至七成熟，盛出。

3.锅内放食用油烧热，放入豆干、青椒略炒，加入红辣椒、盐、酱油、糖炒至入味，最后加入牛肉丝炒匀，出锅即可。

【营养功效】此菜富含维生素等营养成分，具有解热镇痛等作用。

**小贴士**

炒牛肉的时间不能长，否则肉丝不鲜嫩。

# 海参豆腐脑

主料：海参（水浸）150克，牛肉（瘦）100克，豆腐脑500克。

辅料：干金针菇、红辣椒、香菜、火腿、盐、酱油、味精、糖、高汤、辣椒油、淀粉、食用油、葱、姜、蒜、料酒各适量。

**制作方法**

1.豆腐脑盛入大汤盘内；海参切丁；水发金针菇切段；牛肉切末。

2.锅中加食用油烧热，加葱末、姜末、蒜末烹香，加牛肉煸炒，炒透，加料酒、酱油、糖、盐、辣椒油、味精，再加高汤、海参丁炒透，加入金针菇、红辣椒末，用水淀粉勾芡，撒香菜末、火腿末，浇在豆腐脑上即可。

【营养功效】豆腐脑含蛋白、多种维生素和矿物质，对防治软骨病及牙齿发育不良等疾病有一定功效。

**小贴士**

海参与醋相克，不宜与甘草同服。

# 豆腐焖泥鳅

主料：泥鳅250克，豆腐80克。

辅料：姜、淀粉、料酒、盐、葱、食用油各适量。

**制作方法**

1.将泥鳅活杀，去内脏，放沸水锅中，除去血水。

2.豆腐洗净切小块。

3.锅内放食用油烧热，用姜爆锅，放泥鳅，爆出香味，加料酒，加豆腐块微煎，放少许清水，加盐调味，小火焖透，加葱，用水淀粉勾芡，出锅即可。

【营养功效】泥鳅所含脂肪成分较低，胆固醇更少，属高蛋白低脂肪食品。泥鳅和豆腐同烹，具有很好的进补和食疗功用，有补益脾肾、利水解毒的功效。

**小贴士**

挑选泥鳅时，以体表黏滑、生猛好动者为佳。

# 煲汤注意事项

## 煲汤五要点

1.配水要合宜。

水既是鲜香食品的溶剂，又是传热的介质。水温的变化、用量的多少，对汤的风味有着直接的影响。用水量通常是煲汤的主要食品重量的3倍，同时应使食品与冷水一起受热，即不直接用沸水煲汤，也不中途加冷水，以使食品的营养物质缓慢地溢出，最终达到汤色清澈的效果。

2.选料要得当。

可根据个人身体状况选择汤料，如身体火气旺盛，可选择如绿豆、海带、冬瓜、莲子等清火、滋润类的中草药；身体寒气过盛，那么就应选择参类作为汤料。

3.作料不必着急下。

食盐不宜过早放入汤内，以免食材水分散失和加快蛋白质凝固，影响汤的鲜味。酱油也不宜早加，其他的作料，像葱、姜、料酒也不宜放得太多，否则会影响汤汁本身的鲜味。

4.火候要适当。

煲汤火候的要诀是大火煮沸，小火慢煨。这样可使鲜香物质尽可能地溶解出来，使汤鲜醇味美。只有用小火长时间慢炖，才能使浸出物溶解得更多，既清澈，又浓醇。

5.冷水一次要加足。

煲汤时冷水要一次加足，若中途添加冷水，会使汤汁的温度骤然下降，破坏了原来的原料与水共热的均衡状态，并使食材外部的蛋白质产生凝固，降低汤的鲜味。

## 煲汤七大诀窍

1.必须使用容积较大的砂锅（大肚小口最佳），一旦放水就不再添水；中火煮沸后，用小火煲两个小时以上，且只有砂锅才能煲出独特的鲜味。砂锅乃煲汤之"缘"。

2.应放足够的姜。姜乃煲汤之"魂"。

3.必须使用鲜肉，并须含少量脂肪，此乃煲汤之"质"。

4.必须放一两样清热、利湿、健脾之物，如藕、百合、西洋菜、马蹄、山药、萝卜等，此乃煲汤之"本"。

5.必须放一两样甘甜之物，如几枚红枣、蜜枣、少量葡萄干或桂圆干，另可视不同需要加入西洋参、黄芪、枸杞子、当归等，此乃煲汤之"气"。

6.可适当加入一两样茎、菌类及干果类，如霸王花、黄花、香菇、黑木耳、白木耳、花生、白果、莲子等，此乃煲汤之"伴侣"。

7.煲汤要尽量少放盐，不放或少放味精。

## 喝汤的好处

汤是中华美食的一大特色，也是中华饮食的重要组成部分。在我们所吃的各种食物中，汤是既富于营养又最易消化的一种。美国营养学家的一项调查表明，在6万多接受营养普查的人中，那些营养良好的人正是经常喝汤的人。

喝汤并不是一件很简单的事，只有科学地喝汤，才能既吸收营养又避免脂肪堆积。

饭前喝、饭后喝差别很大。喝汤的时间很有讲究，俗话说"饭前喝汤，苗条又健康；饭后喝汤，越喝越胖"，这是有一定道理的。

饭前先喝几口汤，将口腔、食道润滑一下，可以防止干硬食品刺激消化道黏膜，有利于食物稀释和搅拌，能促进消化、吸收。最重要的是，饭前喝汤可使胃内食物充分贴近胃壁，增强饱腹感，从而抑制摄食中枢，降低人的食欲。

饭后喝汤是一种有损健康的吃法。一方面，饭已经吃饱了，再喝汤容易导致营养过剩，造成肥胖；另外，最后喝下的汤会把原来已被消化液混合得很好的食糜稀释，影响食物的消化吸收。

早、中、晚哪一餐更适合喝汤？有专家指出，"午餐时喝汤吸收的热量最少"，因此，为了防止长胖，不妨选择中午喝汤。晚餐则不宜喝太多的汤，否则快速吸收的营养堆积在体内，很容易导致体重增加。

最好选择低脂肪食物做汤料。要防止喝汤长胖，应尽量少用高脂肪、高热量的食物做汤料，如老母鸡、肥鸭等。即使用它们做汤料，也最好在炖汤的过程中将多余的油脂撇出来。瘦肉、鲜鱼、虾米、兔肉、冬瓜、丝瓜、萝卜、魔芋、番茄、紫菜、海带、绿豆芽等，都是很好的低脂肪汤料，不妨多选用。

喝汤速度越慢越不容易胖。慢速喝汤会给食物的消化吸收留出充足的时间，感觉到饱了时，就是吃得恰到好处时；而快速喝汤，等意识到饱了，摄入的食物已经超过所需要的量。

专家认为，饭前还是饭后喝汤，属于个人饮食习惯的问题，在营养学上没有定论。喝汤问题的关键在于喝什么汤，喝多少汤。无论饭前还是饭后，喝汤一定要喝有营养的汤。

## 乌鸡黄芪汤

主料：乌鸡600克。

辅料：黄芪10克，胡萝卜30克，葱、姜、盐、胡椒粉各适量。

**制作方法**

1. 乌鸡宰杀，去内脏，清洗干净；黄芪切片；胡萝卜洗净，切片；葱、姜切丝，备用。
2. 用沸水把乌鸡焯煮一下，沥去血腥腻味，然后放入大的汤碗，配上黄芪和胡萝卜。
3. 将盐、胡椒粉用水化开，浇在黄芪和乌鸡之上，上锅蒸半个小时，撒上葱花、姜末即可。

【营养功效】乌鸡内含丰富的黑色素、蛋白质、B族维生素等，其中烟酸、维生素E、磷、铁、钾、钠的含量均高于普通鸡肉，胆固醇和脂肪含量却很低，有提高生理机能、延缓衰老、强筋健骨等功效。

**小贴士**

肝肾不足、脾胃不健的人宜食用此汤，但制作时忌用铁器。

## 竹荪排骨汤

主料：猪排骨200克，竹荪（干）100克。

辅料：姜5克，味精、胡椒粉、料酒、盐、鸡粉、香油各适量。

**制作方法**

1. 先将竹荪用热水泡发，去头部，切段，用冷水冲洗干净；姜切片。
2. 排骨用沸水煮过，撇去浮沫，捞出备用。
3. 汤锅中加水煮沸，放排骨、竹荪、姜、味精、胡椒粉、料酒、盐、鸡粉，撇去浮沫，继续煮60分钟，淋香油，出锅即可。

【营养功效】竹荪含有丰富的氨基酸、维生素、无机盐等，具有滋补强壮、益气补脑、宁神健体的功效。

**小贴士**

干品烹制前应先用淡盐水泡发，并剪去菌盖头（封闭的一端），否则会有怪味。

## 牛肉丸子汤

主料：牛肉200克，猪肉（肥）150克。

辅料：鸡蛋1个，芹菜、香菜、葱、姜、葱汁、姜汁、盐、味精、胡椒粉、香油、淀粉各适量。

**制作方法**

1. 牛肉剔去筋，剁成蓉，放入盆中，徐徐加葱、姜汁，沿一个方向搅拌，再加入鸡蛋液、肥肉末、芹菜末、盐、味精、胡椒粉、淀粉搅拌均匀，做成牛肉丸子。
2. 锅中加高汤，放牛肉丸子，加热煮沸，撇去浮沫，小火氽熟，加盐、味精调味，出锅时撒香菜末，淋上香油即可。

【营养功效】此汤清香浓郁，营养丰富，牛肉丸子滑嫩鲜香，芹菜具有抗癌、防癌功效，可抑制肠内细菌产生的致癌物质。

**小贴士**

牛肉与仙人掌同食，可起到抗癌、止痛、提高机体免疫功能的效果。

主料：南瓜、猪排骨各600克。

辅料：陈皮2克，蜜枣5枚，盐适量。

**制作方法**

1.南瓜洗净，开边去瓜瓤，切成大件；排骨斩件。

2.锅内加水，放入排骨，煮5分钟后，捞起。

3.瓦煲内加入适量清水，先用大火煲至水沸，放南瓜、排骨、陈皮、蜜枣，待水再沸，改用中火继续煲2小时，以适量盐调味即可。

【营养功效】南瓜含有蛋白质、脂肪、糖类、膳食纤维、维生素C、维生素A、胡萝卜素及钙、磷、铁、钾、锌、硒等矿物质，其营养十分丰富。南瓜种子中的脂类物质对泌尿系统疾病及前列腺增生具有良好的治疗和预防作用。

**小贴士**

南瓜糖类含量较高，糖尿病患者应少食或不食。

主料：鸡胸脯肉100克。

辅料：鲜香菇、火腿30克，鸡蛋1个，盐、胡椒粉、味精、淀粉各适量。

**制作方法**

1.鸡胸脯肉切成薄片，放入蛋清、水淀粉内调拌均匀，放入滚水内稍烫后立即取出，装在汤碗内。

2.火腿、香菇均切成2厘米厚的薄片，连同鸡汤倾入锅内，加盐、味精、胡椒粉煮沸，倒入装鸡肉的碗内即可。

【营养功效】此汤新鲜美味，营养丰富。香菇是具有高蛋白、低脂肪、多糖、多种氨基酸和多种维生素的菌类食物，一般人适宜食用。

**小贴士**

发好的香菇要放在冰箱里冷藏才不会损失营养；泡发香菇的水不要丢弃，很多营养物质都溶在水中。

主料：老鸭500克，莲子100克，冬瓜500克，荷叶1角。

辅料：陈皮30克，盐、味精适量。

**制作方法**

1.将冬瓜去瓤后洗净，切大块；浸陈皮，待用；洗净莲子、荷叶，待用；洗净老鸭，斩成件。

2.锅内放清水煮沸，放入鸭块，焯过捞起。

3.将老鸭、莲子、冬瓜、荷叶、陈皮放入汤煲内，加入适量清水，小火煲2个小时，加适量盐、味精调味即可。

【营养功效】莲子含有棉子糖，具有滋养补虚、止遗涩精的功效，是老少皆宜的滋补品。

**小贴士**

大便燥结者忌食莲子。莲子不能与牛奶同食，否则加重便秘。

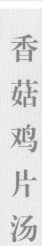

## 乌鱼丝瓜汤

主料：乌鱼400克，丝瓜300克。

辅料：盐、味精、香油、料酒、姜各适量。

### 制作方法

1.乌鱼宰杀洗净，剁成块；丝瓜洗净，切段；姜洗净，切片。

2.烧热锅，加油，放鱼块煎至微黄，加清水适量，放姜片、盐、料酒，用大火煮沸。

3.改用小火慢炖至鱼七成熟，加丝瓜煮约1分钟，加味精、香油调味即可。

【营养功效】乌鱼含蛋白质、18种氨基酸等，具有祛淤生新、滋补调养的功效。

### 小贴士

用乌鱼做菜，鱼不能太大，一般400克左右即可，即鱼龄一般在一年左右，这样可以保证鱼肉鲜嫩。

## 鲢鱼头豆腐汤

主料：鲢鱼头1个，冻豆腐100克。

辅料：酱油50毫升，料酒25毫升，盐10克，糖15克，葱、姜各适量。

### 制作方法

1.冻豆腐洗净，切块；葱洗净，去除根部，切段；姜去皮，洗净，切片。

2.鲢鱼头洗净，沥干水分，放入热油锅中煎至两面金黄，盛出备用。

3.将煎过的鲢鱼头放入炖锅中，加入所有的主料及酱油、料酒、盐、糖和水，以中火炖10分钟即可。

【营养功效】鲢鱼含有丰富的胶质蛋白，既能健身又能美容，对皮肤粗糙、脱屑、头发易脱落等症均有疗效，是女性滋养肌肤的理想食品。

### 小贴士

脾胃蕴热者不宜食用；瘙痒性皮肤病、内热、荨麻疹、癣病患者忌食。

## 山药鱼头汤

主料：鳙鱼头1个。

辅料：山药30克，枸杞子15克，红枣6枚，党参20克，姜、食用油、盐各适量。

### 制作方法

1.山药、枸杞子、党参洗净，浸泡；红枣去核，洗净；鳙鱼头开边，去腮，洗净。

2.锅内放食用油烧热，加姜片，下鱼头将两面煎至金黄色。

3.加沸水适量，待鱼汤滚至白色，加入山药、枸杞子、党参、红枣煲30分钟，加盐调味即可。

【营养功效】鳙鱼头有很好的温补效果，能起到治疗耳鸣、头晕目眩的作用。

### 小贴士

煲汤时，腐烂变质的红枣忌选用。食用腐烂的枣，轻者可引起头晕，重则危及生命。

主料：鲫鱼300克，豆腐100克。

辅料：香菜200克，姜、盐、味精、食用油各适量。

**制作方法**

1.鲫鱼宰杀干净，沥干水分；香菜洗净，切段；将豆腐放入盐水中浸泡15分钟，捞出，切小块；姜洗净，切片。

2.锅中放食用油烧热，放宰杀好的鱼煎至色黄，装盘待用。

3.锅内留些底油，烧热，放姜片煸香，加适量清水，大火煮沸，放豆腐、鱼煮15分钟，加盐、味精调味，放香菜即可。

【营养功效】鲫鱼具有活络通血、健脾利湿的功效，可以增强机体抗病能力。香菜含有挥发油，它散发的特殊香气能促进肠道蠕动，开胃醒脾。

**小贴士**

香菜是餐桌上常见的芳香开胃之品，常用来调味，即将其洗净后切碎，撒在菜上或汤中，既美观又可增进菜、汤的香味。

香菜鲫鱼汤

主料：莲藕750克，栗子20个。

辅料：盐、葡萄干各25克。

**制作方法**

1.将莲藕表面洗净，皮用刀背刮去后，切0.5厘米厚的片状，藕节须切除；栗子去壳，去膜。

2.将主料与水一起放到锅内，放到炉火上加热至沸后，改中火煮15分钟，加盖后熄火，再把此锅放入焖烧锅焖3~4小时即可取出。

3.取出后放入葡萄干及盐，搅拌均匀，使盐溶解后即可。

【营养功效】莲藕富含铁、钙等微量元素、植物蛋白质、维生素以及淀粉，有明显的补益气血，增强人体免疫力作用。

**小贴士**

脾胃消化功能低下、大便溏泄者不宜生吃莲藕。

栗子莲藕汤

主料：黄鳝100克，瘦肉50克。

辅料：青椒、西红柿各1个，葱、姜、鸡汤、醋、香菜、胡椒粉、味精、盐各适量。

**制作方法**

1.黄鳝切丝；瘦肉切丝；青椒洗净，切丝，西红柿洗净，切薄片。

2.烧热锅，放油，放入鳝丝、肉丝煸炒至松散，随即放料酒，加鸡汤、青椒丝、西红柿片，下葱、姜，加盖，煮沸后用中火煮15分钟。

3.加盐、味精、胡椒粉，将醋倒入碗中，撒上切断的香菜，倒入煮好的鳝丝汤即可。

【营养功效】黄鳝含丰富的维生素A，能增进视力，促进皮肤的新陈代谢。

**小贴士**

黄鳝的血液有毒，误食会对人的口腔、消化道粘膜产生刺激作用，严重的会损害人的神经系统。

酸辣鳝丝汤

羊肉萝卜汤

主料：羊肉500克。

辅料：草果5克，豌豆100克，萝卜300克，姜10克，香菜、胡椒、盐、醋各适量。

**制作方法**

1.羊肉洗净，切成2厘米见方的小块；豌豆拣选后淘洗净，切去头尾；萝卜切3厘米见方的小块；香菜洗净，切段。

2.将草果、羊肉、豌豆、姜放入锅内，加水适量，大火煮沸，改小火上煎熬1小时，再放入萝卜块煮熟，加香菜、胡椒、盐、醋即可。

【营养功效】此菜有补虚祛寒、温补气血、温胃消食等功效。草果含有B-蒎烯，有较强的抗炎、抗细菌和真菌作用。

**小贴士**

以草果为主或适当搭配的汤，可用于治疗其他多种疾病，如草果配柴胡、桂枝等14味中药组成的柴桂草果汤可治疗流行性感冒。

花生炖猪蹄

主料：花生米200克，猪蹄2只。

辅料：盐、葱、姜、料酒各适量。

**制作方法**

1.猪蹄去毛，洗净，用刀划口，放入锅内。

2.锅内加花生米、盐、葱、姜、料酒、清水适量，用大火煮沸，撇去浮沫，改用小火熬至熟烂即可。

【营养功效】花生米含有丰富的蛋白质、钙、铁等多种营养素，对产妇产后乳汁不足等症有一定疗效。花生米还含有抗氧化的维生素E，具有滋润皮肤的作用。

**小贴士**

花生米如保管不当，极易受潮霉变，产生致癌性极强的黄曲霉素，因此，已霉变的花生米不应再吃。

蘑菇豆腐汤

主料：水发蘑菇100克，豆腐200克。

辅料：蒜苗25克，海米35克，盐、味精、醋、胡椒粉、姜末、香油、鸡汤各适量。

**制作方法**

1.将蘑菇去杂洗净，切成小片；豆腐放锅中加水煮后，捞出，切小片；泡发好海米。

2.炒锅内加鸡汤，放豆腐、蘑菇、盐、姜末及海米和泡海米的水。

3.煮沸后加入胡椒粉、醋，淋香油，撒入味精、蒜苗，出锅装盆即可。

【营养功效】蘑菇为常食用的真菌，性味甘凉，有理气、化痰、滋补强壮的作用。

**小贴士**

蘑菇表面有黏液，不易洗净，可以在水里先放点食盐搅拌，然后将蘑菇放在水里泡一会儿再洗，泥沙就很容易洗掉。

# 鳅鱼豆腐汤

**主料：** 泥鳅600克，豆腐（北）100克。

**辅料：** 冬笋50克，香菇（干）10克，小白菜80克，姜、味精、盐、胡椒粉、白醋、料酒、蒜、葱、鸡油、鸡清汤各适量。

**制作方法**

1.用酒将泥鳅醉死，剪开腹部去内脏，再用刀在脊背上拍一下，剔去骨，剁下头，洗净。

2.冬笋洗净切片；水发香菇洗净，大的切开；豆腐切片；葱打结，姜一半拍破，余下切末。

3.锅内放食用油大火烧至七成热，下入葱和拍破的姜炒出香味，加鳅鱼煸炒，烹入料酒、醋，下蒜瓣，加鸡清汤煮沸，撇去浮沫，加豆腐煮沸，换小火焖15分钟，去掉葱、姜。

4.再用大火煮沸，加小白菜、盐，撒胡椒粉，淋鸡油，盛汤盘，撒姜末、白醋即可。

【营养功效】泥鳅含有一种不饱和脂肪酸，有利于抗人体血管衰老，故有益于老年人及心血管病人。

**小贴士**

为保持豆腐细嫩，用小火焖透入味后改大火煮沸。

# 冬瓜肉丸汤

**主料：** 猪肉（肥瘦）100克，冬瓜150克。

**辅料：** 香菜、盐、味精、花椒、葱、姜、淀粉、香油各适量。

**制作方法**

1.猪肉洗净，剁成蓉；葱、姜洗净切末；猪肉蓉加葱、姜末、香油、淀粉搅拌均匀，挤成丸子，上笼蒸熟；冬瓜去皮，洗净，切厚片。

2.锅内放食用油烧热，放花椒炸出香味，捞出花椒不要，花椒油留用。

3.锅内放清汤，再放冬瓜、肉丸煮沸，待肉丸煮透，放盐、味精，撒上香菜末，淋入花椒油，出锅即可。

【营养功效】此汤含有蛋白质、维生素及碳水化合物等多种营养素。冬瓜含维生素C较多，且钾盐含量高、钠盐含量较低，有清热解毒、化痰生津、除烦止渴、利尿消肿等功效。

**小贴士**

冬瓜是一种解热、利尿比较理想的日常食物，连皮一起煮汤，效果更明显。

# 红白豆腐汤

**主料:** 猪血、豆腐各200克,白萝卜100克。

**辅料:** 盐3克,味精2克,葱花5克,食用油、胡椒粉、香油各适量。

### 制作方法

1. 猪血、豆腐均洗净,切成大小均匀的四方形小块;白萝卜去皮,洗净,切成薄片。
2. 将猪血下入沸水锅中焯去异味后,捞出沥干水分。
3. 油锅烧热,加适量水烧沸,然后下入猪血、豆腐、萝卜片再次煮开,下盐、味精、胡椒粉调味,出锅后再撒上葱花,淋上香油即可。

【营养功效】猪血味甘、苦,性温,有解毒清肠、补血美容的功效。

### 小贴士

长期接触有毒有害粉尘的人应多吃猪血。

# 花瓣鱼丸汤

**主料:** 鲜鱼肉200克。

**辅料:** 白菊花瓣25克,菠菜叶200克,鸡蛋1个,盐、食用油、鸡汤、料酒、味精、白胡椒粉、淀粉、鸡油、葱、姜各适量。

### 制作方法

1. 将白菊花瓣、菠菜叶分别洗净,沥干水分;葱切段;姜切片;鱼肉剁成鱼蓉,放入盆内,加盐、味精、白胡椒粉、蛋清及适量熟油,顺一个方向搅匀成糊状用。
2. 锅上火烧热,加温水,把鱼蓉挤成丸子下入锅内,中火煮沸,鱼丸捞出。
3. 炒锅上火烧热,加底油,下葱、姜煸炒出香味,捞出葱、姜,加入鸡汤、味精、白胡椒粉、料酒,用水淀粉勾芡,放鱼丸、菠菜叶、菊花瓣,淋鸡油即可。

【营养功效】菠菜营养成分极其丰富,含锌、叶酸、氨基酸、叶黄素、胡萝卜素等。

### 小贴士

菠菜叶可先用沸水烫过,以去掉其中的草酸。

# 牛肉土豆汤

**主料：**牛肉1000克，土豆500克。

**辅料：**桂皮10克，味精、胡椒粉、蒜、料酒、葱、盐、姜各适量。

## 制作方法

1.牛肉切成4厘米长、3厘米宽、0.5厘米厚的片，用冷水泡约2小时，连水倒入锅内煮沸，撇去浮沫。
2.牛肉熟透后倒入砂钵内，加拍破的葱、姜以及桂皮、料酒、盐，用小火炖烂，去掉葱、姜、桂皮。
3.土豆去皮，切成滚刀块，用碗装上，加牛肉汤，上笼蒸烂取出；蒜切成段。
4.将土豆倒入牛肉内，煮沸，加味精、蒜调味，装入汤碗内，撒胡椒粉即可。

【营养功效】土豆所含的钾能取代体内的钠，同时能将钠排出体外，有利于高血压和肾炎水肿患者的康复。

### 小贴士

土豆营养素齐全，而且易为人体消化吸收，在欧美享有"第二面包"的称号。黄皮土豆外皮暗黄，肉色淡黄，淀粉含量高，味道较好。

# 冬 瓜 鸭 盅

**主料：**鸭1750克，冬瓜400克。

**辅料：**火腿、鲜香菇、冬笋、莲子各50克，虾米、瑶柱各25克，料酒、盐、味精、胡椒粉、葱、姜、碱各适量。

## 制作方法

1.鸭宰杀去毛，去内脏洗净，放入汤锅煮熟，捞出洗净，去净骨，切成2厘米大的方块。
2.瑶柱拣去老筋，同虾米一起洗净；莲子用碱洗去皮，去心，用开水汆过，上笼蒸发；葱切段，余葱和姜拍破。
3.水发香菇去蒂洗净，冬笋和火腿均切指甲片，放入干贝、虾米；鸭肉和拍破的姜、葱，加料酒、盐、汤，上笼蒸至熟烂取出，去掉葱、姜。
4.冬瓜洗净，挖去软瓤，刮鱼齿花刀，在皮面雕刻图案花纹，装汤盘。
5.食用前1小时，把鸭肉及莲子加味精调好，装入冬瓜内，上笼蒸熟透，取出后放胡椒粉和葱段即可。

【营养功效】冬瓜含丙醇二酸，能有效地抑制糖类转化为脂肪，加之冬瓜本身不含脂肪，能防止人体发胖，有助于体形健美。

### 小贴士

冬瓜应存放在阴凉、干燥的地方，不要碰掉皮上的白霜。

# 温锅农家炖牛肉

**主料**：牛肉400克，土豆、胡萝卜各80克，大白菜50克。

**辅料**：盐4克，味精、胡椒粉、辣椒粉各2克，食用油、料酒、辣椒油、香油、葱各适量。

## 制作方法

1. 牛肉洗净，入沸水锅中稍烫后捞出，切小块；土豆、胡萝卜均去皮，洗净，切丁；葱洗净，切段；大白菜取叶洗净，撕小片，垫入碗底。

2. 锅内放食用油烧热，注入清水烧沸，放入牛肉炖30分钟，再入土豆、胡萝卜同炖至熟。

3. 调入盐、味精、胡椒粉、辣椒粉、料酒、辣椒油拌匀，起锅前淋入香油，盛于有大白菜垫底的碗中，撒上葱段即可。

【营养功效】此菜营养丰富，具有清热解毒、壮阳补肾、和胃调中、健脾利湿、解毒消炎、宽肠通便、降糖降脂等功效。

### 小贴士

腐烂、霉烂或生芽较多的土豆，因含过量龙葵素，极易引起中毒，一律不能食用。

# 酸 辣 纹 丝 汤

**主料**：鸡血200克，豆腐（北）350克。

**辅料**：猪瘦肉50克，鸡蛋2个，腌雪里蕻25克，食用油、盐、味精、酱油、醋、辣椒粉、葱、淀粉、鸡油各适量。

## 制作方法

1. 鸡血上笼蒸熟，与豆腐均切成5厘米长的细丝；猪肉切成5厘米长的丝，加盐、水淀粉浆好。

2. 鸡蛋打散，加盐和水淀粉，搅匀后烫成蛋皮，再切成5厘米长的丝；腌雪里蕻洗净，剁成末；葱切成段。

3. 锅内放食用油烧到六成热，加辣椒粉、腌雪里蕻末炒一下，随即加鸡汤1000毫升、鸡血、豆腐丝、酱油、味精和醋，煮沸并调好味，撒入肉丝，撇去浮沫，装汤盆，撒蛋皮丝、葱段，淋鸡油即可。

【营养功效】鸡血含铁量较高，而且铁以血红素铁的形式存在，容易被人体吸收利用。

### 小贴士

腌雪里蕻做法：雪里蕻（5000克）洗净，沥干水分，去根和黄叶，平放入缸内；一层雪里蕻撒一层盐和花椒（1000克精盐、25克花椒），最上层多放些盐，第二天翻一下，以后每隔一天翻一次，半个月后即可食用。

# 水煮回头鱼

**主料：** 回头鱼1000克。

**辅料：** 莴笋头300克，青椒50克，回头鱼油60毫升、盐、味精、鸡精、料酒、蒸鱼酱油、白醋、剁辣椒、姜、紫苏叶、胡椒粉各适量。

**制作方法**

1. 将回头鱼宰杀洗净，剁成3厘米见方的块。
2. 莴笋头去皮，切成0.5厘米厚的片；青椒去蒂，切圈；紫苏叶切碎；姜切片。
3. 锅内放回头鱼油，大火烧至六成热，下姜片煸香，放入回头鱼稍煎，烹入料酒、白醋，放剁辣椒炒匀，加鲜汤，大火煮沸，撇去浮沫，煮约3分钟后加盐、味精、鸡精、胡椒粉、蒸鱼酱油调好味，再加莴笋片、青椒圈、紫苏叶，中火煮2分钟即可。

**【营养功效】** 回头鱼营养价值高，肉质白嫩，鱼皮肥美，兼有河豚、鲫鱼之鲜美，而无河豚之毒素和鲫鱼之刺多，苏东坡曾写诗赞曰："粉红石首仍无骨，雪白河豚不药人。"

**小贴士**

回头鱼油的制法：锅内放食用油1500毫升，加香葱100克、干香葱头300克、干辣椒段100克、豆豉50克、姜片300克、花椒100克，小火熬至香葱变枯黄时，捞出渣滓即可。

# 酸　辣　汤

**主料：** 嫩豆腐100克。

**辅料：** 黑木耳、泡白菜、酸笋、野山椒、盐、胡椒粉、食用油、陈醋、辣椒油、香油、香菜各适量。

**制作方法**

1. 嫩豆腐稍洗后，切条；黑木耳泡发，洗净，撕成小片；泡白菜切碎；酸笋切条。
2. 油锅烧热，注入清水烧开，放入嫩豆腐、黑木耳、泡白菜、酸笋、野山椒同煮5分钟。
3. 调入盐、胡椒粉、陈醋、辣椒油、香油拌匀，起锅装入碗中，撒上香菜即可。

**【营养功效】** 白菜含有丰富的粗纤维，不但能起到润肠、促进排毒的作用，又能刺激肠胃蠕动，促进大便排泄，帮助消化，对预防肠癌有良好作用。多吃白菜，可以起到很好的护肤和养颜效果。

**小贴士**

忌食隔夜的熟白菜和未腌透的大白菜。

# 菠菜蛋汤

主料：菠菜200克，鸡蛋2个。

辅料：鸡汤、盐、味精、香油各适量。

**制作方法**

1. 菠菜择洗干净；将鸡蛋磕入碗内搅匀。
2. 锅内放入鸡汤煮沸，加盐、味精调味，再放入菠菜。
3. 将蛋液均匀浇入，煮沸，淋适量香油即可。

【营养功效】菠菜含有丰富的维生素E和另一种辅酶，具有抗衰老和增强青春活力的作用。

**小贴士**

　　菠菜要选叶子厚、叶面宽、叶柄短的，如叶部有变色现象，要予以剔除。

# 酸菜粉丝汤

主料：泡酸菜500克，红薯粉丝300克。

辅料：豌豆苗30克，食用油、姜、葱、盐、味精各适量。

**制作方法**

1. 银丝粉条用温水泡发；酸菜切碎；姜切片；葱切花。
2. 锅内放食用油烧热，下酸菜、姜片翻炒3分钟，加高汤、盐熬5分钟。
3. 下粉丝煮3~5分钟，起锅前投入味精、葱花。

【营养功效】红薯粉丝中的红薯含有人体需要的多种营养物质。红薯含有丰富的赖氨酸，是减肥良品。

**小贴士**

　　粉丝品种繁多，有绿豆粉丝、豌豆粉丝、蚕豆粉丝、魔芋粉丝等，更多的是淀粉制的粉丝，如红薯粉丝、土豆粉丝等。

# 黑豆莲藕乳鸽汤

主料：乳鸽1只，莲藕500克。

辅料：黑豆100克，红枣4枚，陈皮、盐各适量。

**制作方法**

1. 先将黑豆放入铁锅中，干炒至豆衣裂开，再洗干净，晾干水。
2. 乳鸽洗净，去毛、内脏；莲藕、陈皮和红枣分别洗干净，莲藕切件，红枣去核。
3. 瓦煲内加入适量清水，先用大火煲至水滚，然后放入以上全部材料，改用中火煲3小时，加入适量盐调味即可。

【营养功效】此汤具有补益气血、补虚强身、益肝肾等功效。

**小贴士**

　　黑豆有解毒的作用，可降低中药功效，因此正在服中药者忌食。一次也不宜吃得过多，否则容易胀气。黑豆煲汤一般要将其煮烂，否则食用时会造成胀肚或消化不良等现象。

主料：鸡1只。

辅料：栗子150克，北杏仁20克，红枣10枚，核桃肉80克，姜、盐各适量。

**制作方法**

1.北杏仁、栗子肉、核桃肉放入滚水中煮5分钟，捞起洗净；红枣去核，洗净；鸡去脚洗净，沥干水分。

2.砂煲内加适量水，放鸡、红枣、北杏仁、姜，大火煲沸，再用小火煲2小时。

3.加入核桃肉、栗子肉再煲1小时，加盐调味即可。

【营养功效】栗子含糖、淀粉、蛋白质、脂肪、多种维生素、矿物质，对人体具有补益作用。

**小贴士**

新鲜栗子容易变质霉烂。吃了发霉的栗子会中毒，因此变质的栗子不能吃。

栗子杏仁鸡汤

主料：田鸡3只，蒜10粒。

辅料：盐适量。

**制作方法**

1.田鸡剖洗干净，去皮、头、内脏，斩件。

2.将田鸡和蒜放在砂锅里，小火煲2小时左右即可。

【营养功效】田鸡含有丰富的蛋白质、钙和磷，有助于青少年的生长发育和缓解更年期骨质疏松。蒜不单营养丰富，且有很强的杀菌能力。

**小贴士**

不能捕捉野生田鸡为食。田鸡肉中易有寄生虫卵，要加热至熟透再食用。

蒜子田鸡煲

主料：猪瘦肉100克，香菇20克。

辅料：盐、葱、味精各适量。

**制作方法**

1.猪瘦肉洗净，切成片；香菇温水泡发，切成片；葱切末。

2.锅中加清水适量，放猪瘦肉、香菇，加葱末、盐、水，煮沸后微火煮约5分钟。

3.肉熟后调入味精，装入汤碗，撒上葱花即可。

【营养功效】香菇具有高蛋白、低脂肪、多糖和多种维生素的营养特点。常食用香菇具有健体益智、抗衰老等功效，且不易发胖。

**小贴士**

若瘦肉拌点淀粉烹调，会更加鲜嫩。

香菇瘦肉汤

田七鸡汤

主料：鸡500克。

辅料：田七15克，陈皮10克，料酒、红枣、姜片、盐各适量。

**制作方法**

1.田七洗净，打碎成小粒状；鸡肉洗净，切块。
2.陈皮浸软刮白，洗净；生姜、红枣去核洗净。
3.把陈皮先煮沸，放入田七、鸡、姜、红枣，猛火煮沸后，改小火煲2小时，熄火调味，放入料酒搅匀即可。

【营养功效】田七含有皂苷类及黄酮类，从田七绒根总皂苷中分离的多种皂苷元，主要是人参二醇和人参三醇类皂苷，总皂苷含量高达12%，具有提神补气、补益气血等功效。

**小贴士**
　　民间常以田七活血生血。

白鸽醒脑汤

主料：白鸽1只，鸽蛋4个。

辅料：桂圆肉50克，枸杞子30克，笋片、火腿、盐各适量。

**制作方法**

1.白鸽去毛、内脏，洗净；桂圆肉去壳；枸杞子、笋片、火腿洗净。
2.把鸽蛋、桂圆肉、枸杞子放入鸽腹内，加适量盐，用小火炖1小时。
3.加入笋片、火腿，小火炖熟即可。

【营养功效】鸽肉含有丰富的蛋白质；鸽蛋内的卵磷脂能促进大脑细胞的活动，具有温润肺气、化痰止咳之功效。

**小贴士**
　　此汤适合生长发育期的儿童及青少年饮用。

金针菇鸡丝汤

主料：金针菇100克，熟鸡丝50克。

辅料：豌豆苗15克，鸡清汤750毫升，熟鸡油、料酒、盐、姜汁各适量。

**制作方法**

1.将金针菇切去根部，洗净；豌豆苗洗净；鸡肉切丝。
2.将汤锅置大火上，倒入鸡清汤，下熟鸡丝、金针菇，煮沸。
3.放料酒、盐、豌豆苗、姜汁，撇去浮沫，出锅，盛入大汤碗内，淋入熟鸡油即可。

【营养功效】此汤具有清热消暑、补肝利胆、益气明目的功效。金针菇对预防和治疗肝脏病及胃、肠道溃疡也有一定作用。

**小贴士**
　　金针菇煸炒后，添适量汤，需煨制熟透后再调味。

**主料：** 莲藕400克，瘦肉50克，干冬菇20克。

**辅料：** 糖、食用油、盐、葱末、姜丝、料酒各适量。

**制作方法**

1. 猪肉洗净，切成薄片，放入大碗内，用葱末、姜丝、料酒和少许盐兑汁浸泡5分钟；冬菇浸泡洗净；藕洗净削皮，切成象眼片。
2. 将汤锅置火上，放食用油烧热，将猪肉片煸炒片刻。
3. 注入2000毫升清水，同时加入藕片、冬菇、料酒、糖煮5分钟，放盐调味即可。

【营养功效】莲藕维生素C的含量较高，具有养心生血、补益脾胃、补虚止泻的功效。

**小贴士**

藕片刚煮熟即可，以保持脆嫩。此汤鲜香味美、营养丰富，为夏季汤中上品。

**主料：** 猪肝200克，红薯150克。

**辅料：** 花椒、青椒各少许，盐、食用油各适量。

**制作方法**

1. 红薯去皮，洗净，切薄片；猪肝切薄片；青椒切片。
2. 锅内放食用油烧热，放红薯片，加花椒、青椒焖炒，加水煮沸，加入猪肝煮沸，撇去浮沫，加盐调味即可。

【营养功效】红薯是减肥的好食品，体积大，进食后充填胃腔，需要较长时间来消化，延长了胃排空的时间，这样就产生了饱腹感。

**小贴士**

湿阻脾胃、气滞食积者应慎食红薯。

**主料：** 羊血块200克，鲜平菇150克。

**辅料：** 葱花、姜末、青蒜细末、食用油、料酒、盐、五香粉、麻辣汁水各适量。

**制作方法**

1. 将鲜平菇摘洗干净，并将大的纵剖为二，同盛入碗中备用；将羊血块洗净，入沸水锅氽透，取出，切成2厘米见方的块。
2. 锅内放食用油烧至六成热，加葱花、姜末煸炒出香，加鸡汤（或清水）适量，并加羊血块，烹入料酒，大火煮沸，加平菇，拌匀，改用小火煨煮30分钟。
3. 加青蒜细末、盐、五香粉及少许麻辣汁水，煮沸，出锅即可。

【营养功效】羊血鲜嫩，入口滑润；平菇软绵可口，具有补血养血、养心温脾等功效。

**小贴士**

心血管疾病患者、尿道结石症患者及癌症患者宜食此菜。

藕片瘦肉汤

麻辣猪肝薯片汤

平菇羊血汤

**榨菜肉丝汤**

主料：猪肉100克，榨菜50克。

辅料：红辣椒25克，韭黄25克，盐、大白菜、姜丝、食用油各适量。

**制作方法**

1.猪肉过水清洗，切片；红辣椒洗净，切丝；榨菜切丝。

2.锅内加热放食用油，把榨菜爆香，加姜丝再炒，加水、大白菜和肉丝煮沸，加韭黄、盐调味即可。

【营养功效】此汤具有风味鲜美、健脾开胃、补气添精、增食助神等功效。榨菜香脆鲜香，放在汤中，让汤更有一种农家的香辣感觉。

**小贴士**

呼吸道疾病、糖尿病、高血压患者应少食此菜。

**香菇豆腐汤**

主料：豆腐150克，香菇100克，里脊肉100克。

辅料：冬笋50克，香菜10克，葱、姜、盐、醋、鸡精、胡椒粉、香油、淀粉、食用油各适量。

**制作方法**

1.豆腐切成小块；里脊肉切成丝；香菇、冬笋、葱、姜洗净，切成丝；香菜洗净，切成末。

2.坐锅点火放入清水，水开后分别放入豆腐、香菇丝、冬笋丝、肉丝焯一下捞出，放入盘中。

3.坐锅点火放入高汤、盐、醋、胡椒粉、鸡精，待锅开后倒入豆腐块、冬笋丝、肉丝勾薄芡，撒上葱、姜丝、香菜末即可。

【营养功效】豆腐具有补中益气、清热润燥、生津止渴、清洁肠胃等功效。

**小贴士**

豆腐不能与茭白同吃，同吃易形成结石。

**五丝酸辣汤**

主料：白萝卜150克，海带、黑木耳、玉兰片、瘦猪肉各50克。

辅料：红辣椒1个，料酒、姜、酱油、香油、胡椒粉、白醋、盐、味精、淀粉各适量。

**制作方法**

1.海带、黑木耳、玉兰片温水泡发，切丝；肉丝加盐、料酒、淀粉、水拌匀。

2.锅内放食用油烧至五成热，爆香姜丝，倒入肉丝炒熟，再加入其他各丝煸炒。

3.加适量水，煮沸，加酱油、白醋、味精、胡椒粉调味，再用水淀粉勾芡，淋上香油，出锅装碗即可。

【营养功效】酸辣汤既可预防肠道传染病发生，又能促进身体发汗，具有健胃消食、化痰止咳、清热解酒等功效。

**小贴士**

服中药人参、党参、黄芪等补气药时不可食白萝卜。

主料：猪排骨400克，海带150克。

辅料：盐、葱段、姜片、料酒、香油各适量。

**制作方法**

1.将海带浸泡后，放笼屉内蒸约半小时取出，再用清水浸泡4小时，彻底泡发后，洗净控水，切成长方块。

2.排骨洗净，剁成约4厘米的段，入沸水锅中焯一下，捞出，用温水冲洗干净。

3.净锅内加入1000毫升清水，放入排骨、葱段、姜片、料酒，用大火煮沸，撇去浮沫，改用中火焖烧约20分钟，倒入海带块，再用大火煮沸10分钟，挑出姜片、葱段，加盐调味，淋入香油即可。

【营养功效】此汤肉烂脱骨，海带滑烂，具有清热滋润、补肾强筋、祛脂降压、散结抗癌等功效。

**小贴士**

脾胃虚寒者忌食；身体消瘦者不宜食用此汤。

海带排骨汤

---

主料：鳝鱼肉50克，鸡肉50克。

辅料：鸡蛋1个，面筋15克、淀粉、胡椒粉、味精、酱油、葱花、陈醋、生姜、香油、盐、鸡汤各适量。

**制作方法**

1.将鳝鱼肉洗净，切成丝；鸡肉切成丝；面筋切成条；姜切成丝；鸡蛋打入碗中搅匀。

2.锅中放入鸡汤、鳝鱼汤各500毫升，烧沸放入鳝鱼丝、鸡丝、面筋条，加入酱油、醋、姜丝、食盐，煮沸打入鸡蛋成花，加水淀粉勾芡。

3.加上胡椒粉、味精、香油、葱花即可。

【营养功效】此汤鲜而辣，适用于胃脘冷痛、乏力头晕等，具有补阴益血、健脾和胃、清热解毒、养心安神、固肾添精等功效。

**小贴士**

此汤适宜心烦失眠、手足心热、心悸不宁、久咳等人食用。

鳝鱼辣汤

---

主料：鲫鱼1000克。

辅料：砂仁5克，胡椒10克，毕芨10克，泡辣椒10克，蒜、食用油、盐各适量。

**制作方法**

1.砂仁、胡椒、毕芨、泡辣椒、蒜分别用清水洗净；鲫鱼去腮及内脏，洗净去水。

2.将以上洗净备用的用料纳入鱼腹内，用线缝合，起油锅，将鱼煎热。

3.将鲫鱼放入砂煲内，加适量清水，大火煮沸后，改用小火煲至鱼肉熟烂，调味即可。

【营养功效】砂仁含有挥发油，具有浓烈芳香气味和强烈辛辣味，有化湿醒脾、行气和胃、消食等作用。

**小贴士**

此汤宜空腹食用；不宜同时食用甘草，否则容易发生毒性反应。

砂仁鲫鱼汤

## 酸辣海参汤

**主料：** 水发海参250克，熟火腿50克，鸡蛋5个，丝瓜1000克，番茄250克。

**辅料：** 盐、姜末、胡椒粉、葱段、香菜、清汤各适量。

**制作方法**

1. 海参洗净，切成薄片；丝瓜切节，再切成薄片；番茄去皮、籽，切成片；鸡蛋煮熟去黄，蛋白切成薄片；火腿切片。
2. 砂锅放清汤、海参，中火煮30分钟，再将丝瓜、蛋白、火腿、番茄、姜末分别余一下取出。
3. 饮用前放入葱段、盐、胡椒粉、香菜拌匀即可。

【营养功效】海参汤含有的硫酸软骨素和刺参多糖具有广谱抗肿瘤、提高机体细胞的免疫功能和抗炎作用。

**小贴士**
　海参汤适用于因肝肾亏损、精血不足引起的眩晕、耳鸣、腰酸乏力等症状。

## 花椒鲤鱼汤

**主料：** 鲤鱼100克。

**辅料：** 荜茇5克，花椒10克，姜、香菜、料酒、葱、盐各适量。

**制作方法**

1. 荜茇、花椒装入药袋；鲤鱼宰杀后，去肠肚，洗净；姜切片；葱切花。
2. 上述材料一同放入炖盅，加姜、料酒和适量水，大火煮沸后，小火炖至鲤鱼熟烂。
3. 取出药袋，加香菜、葱、盐调味即可。

【营养功效】鲤鱼的脂肪多为不饱和脂肪酸，能很好降低胆固醇，具有降脂减肥、利水消肿等功效。

**小贴士**
　阳虚火旺者禁服荜茇。

## 鸭血豆腐菠菜汤

**主料：** 鸭血300克，豆腐、菠菜各100克。

**辅料：** 枸杞子30克，味精、盐、香油适量。

**制作方法**

1. 菠菜洗净，切段，焯水；鸭血、豆腐切长条片。
2. 砂锅内放适量清水，下鸭血、豆腐、枸杞子炖煮。
3. 将熟时，放入菠菜、盐、味精再煮片刻，淋香油即可。

【营养功效】菠菜是维生素B₆、叶酸、铁质和钾质的极佳来源，并且含有较多的蛋白质和酶，营养价值常高。

**小贴士**
　如果菠菜叶部出现变色，必须予以剔除。

主料：猪脑2副。

辅料：黄芪、当归各25克，红枣6枚，姜、盐各适量。

**制作方法**

1.猪脑浸清水，撕去表面薄膜，挑去红筋，洗净，入沸水中稍滚捞出。

2.黄芪、当归分别洗净，切片；红枣和姜分别洗净，红枣去核，姜去皮，切片。

3.以上材料入炖盅内，加入适量凉开水，封盖入锅，隔水炖1小时，以少许盐调味即可。

【营养功效】猪脑含有碳水化合物，能健脑益智、补气补血。

**小贴士**

猪脑营养比猪肉还丰富，但需要注意的是，青壮年不宜进食猪脑，否则容易引起反作用。

炖猪脑

主料：鸭500克。

辅料：当归3克，黄芪3克，嫩姜、老姜、料酒、盐各适量。

**制作方法**

1.当归、黄芪、姜分别洗净，切片；鸭去皮，剁成两半。

2.锅内加水煮沸，投入鸭，飞水至熟，捞起。

3.上述材料与料酒一同放入砂锅内，加适量水，大火煮沸后，小火煲至鸭肉熟烂，加适量盐即可。

【营养功效】此汤有利水消肿、纤体瘦身等功效。

**小贴士**

此汤大便溏泄者、孕妇禁食。煲汤时，生姜不要去皮，因其具有多种功效，除了祛寒、健胃、消炎外，还能治感冒、中暑、胃病等疾病。

当归黄芪鸭汤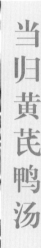

主料：鸡半只，排骨200克，红枣35克，青菜50克。

辅料：盐3克，食用油、糖各适量。

**制作方法**

1.将鸡洗净，切成小块；排骨洗净，砍成段；红枣、青菜洗净。

2.烧沸一锅水，将鸡肉和排骨分别余去血水后，捞出沥干。

3.将鸡肉、排骨和红枣一起转入砂锅，加适量清水，开大火煮沸后，再转小火慢炖，最后下入青菜烫至熟，加盐、糖调味即可。

【营养功效】红枣有强筋壮骨、补血行气、养颜的功效。

**小贴士**

糖尿病患者最好少食用红枣。

排骨炖鸡

## 山药乌鸡汤

主料：乌鸡300克，山药600克。

辅料：香菇10朵，红枣20克，盐、香油、胡椒粉、香菜、葱段各适量。

### 制作方法

1. 红枣泡水至膨胀；香菇整朵洗净，泡温水，再切去蒂头；山药去皮，切块。
2. 将乌鸡洗净切块，放入滚水中氽烫，捞起后再洗净。
3. 将乌鸡、香菇、红枣放入砂锅内，加冷水以中火煮2.5小时，再加入山药及4杯水，一起煮至山药松软，最后加入盐、香油即可。
4. 饮用前，放入葱段、盐、胡椒粉、香菜拌匀即可。

【营养功效】乌鸡具有滋阴清热、补肝益肾、健脾止泻等功效。

### 小贴士

老年人、儿童、妇女特别是产妇食体虚血亏、肝肾不适、脾胃不健的人宜食。

## 鸭血豆腐汤

主料：鸭血200克，豆腐200克。

辅料：火腿30克，丝瓜100克，辣椒油、虾油、红油、姜、葱、醋、胡椒粉、盐、淀粉、味精各适量。

### 制作方法

1. 豆腐放在菜墩上切成粗丝，放入沸水锅内氽一下捞出；丝瓜刮去粗皮洗净，切成粗丝；葱白切段；姜切片。
2. 熟鸭血用刀片去表面上的蜂窝眼部分，切成同豆腐丝一样粗细的丝；火腿切细丝。
3. 炒锅置火上，加入清汤、姜片、葱白段，放入豆腐丝、鸭血丝、丝瓜丝、火腿丝、盐、胡椒粉煮入味，加水淀粉勾芡，加入红油、虾油、味精、醋起锅即可。

【营养功效】丝瓜中含防止皮肤老化的B族维生素、增白皮肤的维生素C等成分，能保护皮肤、消除斑块，使皮肤洁白、细嫩。

### 小贴士

慢性痼疾者，用蜡煎白豆腐食用；心烦体热者，用热豆腐切细片，遍身贴，冷即换。

## 鲫鱼豆腐汤

主料：鲫鱼1条，豆腐100克，猪肉馅50克。

辅料：食用油、葱、姜末、蒜、盐、高汤、味精、料酒各适量。

### 制作方法

1. 将豆腐切成骨牌块，用开水烫一下；鱼收拾干净，两面都剞上花刀。
2. 将猪肉馅和葱、姜末、盐、料酒拌匀，酿入鱼肚内。
3. 炒锅上火烧热，加底油，用葱、姜、蒜炝锅，加入高汤，汤开后放入鱼和豆腐，加适量的盐，用急火炖，鱼熟后放入味精调味即可。

【营养功效】此汤具有健脾利湿、和中开胃等功效。

### 小贴士

鲫鱼在牛奶中泡一会儿，既可除腥又能增加鲜味，但是感冒发热期间不宜多吃鲫鱼。

小吃类

# 小吃注意事项

　　小吃是我国烹饪的重要组成部分，常是早点、夜宵的主角，也可以是席间的点缀，特别在节令时节，小吃更是丰盛无比，有春节的饺子、年糕，元宵节的汤圆，立春的春饼，清明节的青团，端午节的粽子，中秋节的月饼，腊月初八的腊八粥等。日常生活中，要想制作出精美可口的小吃，就必须掌握关于小吃的一些基本知识。

## 小吃烹调方法

　　蒸：蒸是利用蒸汽使原料成熟的方法，是小吃制作过程中重要的一种加热过程。蒸一般要求火大、水多、时间短。成品富含水分，比较滋润或暄软，极少有燥结和焦糊等情况，适口性好，因其不在汤水中长时间加热，营养成分保存也较好。

　　煮：煮是在原料中加多量汤或清水，用大火煮沸转中小火加热成菜的方法。煮法既可用于制作菜肴，也可用于提取鲜汤，又可用于点心、面食的熟制，是应用最广泛的烹调方法之一。煮法常用生的原料或半成品，一般可分为白煮或汤煮。白煮又称水煮、清煮，是把原料直接放入清水中煮熟的方法，常用于煮制面点食品，如面条、饺子、馄饨、元宵等。汤煮，是以鸡汤、白汤或清汤等煮制原料的方法。

　　煨：煨是将原料加多量汤水后用大火煮沸，再用小火长时间加热至酥烂而成菜的方法。

　　炸：炸是以多量食用油用大火加热使原料成熟的方法。成品具有酥、脆、松、香的特点。

　　烧：烧是将经过初步熟处理的原料加适量汤或水用大火煮沸，中、小火烧透入味，大火收汁成菜的方法。一些风味小吃的加热成熟常用此法。

　　煎：煎是将原料平铺锅底，用少量油通过加热使原料表面呈金黄色而成的方法。原料生熟均可，需加工成扁平型再进行煎制，如油煎饼，一般要求先煎一面再煎另一面，油以不淹没原料为准，采用晃锅或拨动的方法使原料受热均匀，色泽一致。

　　炒：炒是以少油大火快速翻炒小型原料成熟的方法，适用于各类原料，因其成熟快，故原料要求形体小，大块者要用刀切成丝、片、丁、条、末，以利于均匀受热。炒制时油量要少，锅先烧热，大火热油，放入原料，迅速翻炒，制成的成品要求汁少、鲜嫩或滑脆或干香。

## 小吃常用原料

　　富强粉（中筋粉）：含麦麸量多于特制粉，其色泽洁白，面筋质超过25%，适宜制作各种包子、点心等。

　　标准粉：麦麸含量多于富强粉，色泽稍黄，面筋质超过24%，稍粗糙，适于制作大众点心，如烧饼、烙饼等。

　　江米（糯米）：硬度低，黏性大，胀性小，色泽乳白不透明，但成熟后有透明感。因其香糯黏滑，常被用以制粽子、元宵等。

　　绵糖：味甜，颜色洁白有光泽，质地绵软、细腻，结晶颗粒细小。它不仅是一种甜味原料，同时也具有改善面团品质的功效。

　　饴糖：俗称米稀和麦芽糖，半透明浅黄色液体，主要成分是麦芽糖。用于面点，主要是使面在烘烤时易着色，获得良好的色泽。

　　食用油：呈淡黄色，澄清、透明、无气味、口感好，加热后不起沫、不冒烟，常用于油炸食品。

　　猪油（大油）：从猪肥膘提炼出来，液体时透明清澈，固体时是白色的软膏状，有光泽、无杂质，有良好的滋味，含脂肪99%，适合做各种点心和明酥类糕点。

　　麻酱：即芝麻酱，黄褐色，质地细腻，味美，具有芝麻固有的浓郁香气，一般用做调味品，也是部分面点的馅心配料。

　　豆沙馅：以红小豆和白砂糖为原料制成。甜糯细软，适合做部分面点（豆沙包等）的馅心配料。

　　膨松剂：面点加工中的主要添加剂。受热分解产生气体，使面起发，从而使制品膨松、柔软或酥脆。常用的有醇母、小苏打、泡打粉等。

## 专业术语

　　和面：将面粉或其他粉类依照面点制品的要求，按一定比例加水、油、蛋等调和成团的过程。和面质量直接影响成品品质以及制作的顺利程度。

　　搓条：将面团搓成表面光洁、粗细一致的圆柱形长条。条的粗细应根据成品需要而定，如馒头、大包的条要粗一些，饺子、小包的条要细一些。

　　下剂：将搓成的条根据面点制品的规格分割成大小一致的剂子。

　　制皮：将剂子制成面皮。剂皮制皮后可便于包馅成型。

　　饧：饧的字意，一为糖稀，二为面剂子、糖块变软，饮食行业常用的是后一种意思。揉好的面团劲很大，通过静置可使面筋松劲变软。

武冈腊香干

主料：腊香干250克。

辅料：食用油、盐、生抽、辣椒油、香油、蒜、红辣椒、蒜苗各适量。

**制作方法**

1.将腊香干用清水浸泡片刻，洗净，切片；蒜去皮，洗净，切片；蒜苗洗净，切段；红辣椒洗净，切小段。
2.锅内入食用油烧热，入蒜片、红辣椒炒香，加入香干同炒3分钟。
3.调入盐、生抽、辣椒油炒匀，放入蒜苗稍炒，淋入香油，起锅盛入盘中即可。

【营养功效】此菜具有开胃健脾、排毒清肠、预防胃肠疾病等功效。

**小贴士**

蒜性温，阴虚火旺及慢性胃溃疡病患者应慎食。

萝卜干拌鹅肫

主料：萝卜干100克，鹅肫350克。

辅料：熟白芝麻、辣椒酱、料酒、盐、陈醋、酱油、食用油适量。

**制作方法**

1.鹅肫洗净，切成片，再入锅中煮至熟后，捞出沥干水分。
2.将萝卜干和鹅肫一起装入盘中。
3.所有调料拌匀，倒入盘中再拌匀即可。

【营养功效】萝卜干富含B族维生素。

**小贴士**

制作萝卜干一般是在冬至前后进行，要经过"晒、腌、藏"三道工序。

西杏饼干

主料：西杏片50克，松皮250克。

辅料：可可粉、班兰叶各适量。

**制作方法**

1.将松皮分成二份，一份与西杏片、可可粉混合一起，另一份加入班兰叶汁。
2.搓匀后，将班兰叶皮开薄成长方形，另一份搓成长条形，放在班兰叶皮上，卷成圆柱形。
3.切成厚2厘米的饼，放入烤盘内，用温度230℃烤15分钟后，收火至150℃，烤10分钟即可。

【营养功效】杏仁中含有杏仁苷。杏仁苷在体内能被肠道微生物酶或杏仁本身所含的杏仁酶水解，产生微量的氢氰酸与苯甲醛，对呼吸中枢有抑制作用，能达到镇咳、平喘作用。

**小贴士**

杏仁不可与栗子同食，否则会胃痛。

主料：大米500克，精面粉400克。

辅料：酵面100克，鸡蛋2个，绵白糖300克，食碱、红丝各适量。

### 制作方法

1.将大米淘洗干净，用清水浸泡4~8小时，取出洗净，沥去水分，加水磨成细滑的浆，倒入盆内；酵面捏碎，加水200毫升与面粉一起倒入粉浆内，拌匀静饧，约饧至八成时，磕入鸡蛋，加入食碱、绵白糖搅动起筋。

2.笼内铺块湿纱布，倒入浆料，均匀地撒上红丝，入笼蒸约20分钟即熟，取出，翻扣在案板上，揭去纱布，用细麻线勒（或用刀蘸凉水切）成三角形块即可。

【营养功效】米面发糕色泽淡黄，糕面缀以红丝，红黄相映，质地松泡柔软，营养丰富。

#### 小贴士

粉浆加入鸡蛋后要朝一个方向搅拌起劲。

米面发糕

---

主料：糯米2000克。

辅料：食碱5克，绵白糖250克，鲜箬叶、席草各适量。

### 制作方法

1.将糯米淘洗干净，浸泡30分钟，取出冲水一次，沥干后拌入食碱。

2.鲜箬叶剪掉蒂，用开水煮10分钟后沥去水，将大小叶搭配好，叠成十字形，用小绳捆成小把，浸泡4~5小时，待杂味漂尽后，取出洗净，用布抹干水。

3.箬叶1张折成三角形漏斗状，放入糯米约50克，然后将箬叶覆盖封口，包成菱角形，用席草扎紧。

4.锅内加清水和粽子，大火煮2小时，熟透捞出，剥去箬叶，放入盘中，撒上绵白糖即可。

【营养功效】糯米含有蛋白质、脂肪、糖类、钙、磷、铁、维生素B及淀粉等，为温补品。

#### 小贴士

煮制时水要没过粽子。

碱水粽子

---

主料：魔芋丝结400克，青、红尖辣椒各50克。

辅料：盐、味精、酱油、陈醋、红油、食用油、高汤各适量。

### 制作方法

1.青、红尖辣椒洗净，切成圈；魔芋丝结洗净。

2.锅中加水烧沸，将魔芋丝结焯水至熟后装盘。

3.油锅烧热，下入青、红尖辣椒爆香，再将所有调料下入，烧沸，起锅淋在魔芋丝结上拌匀即可。

【营养功效】魔芋富含魔芋多糖、膳食纤维、多种氨基酸和微量元素，具有清洁肠胃、帮助消化、防治消化系统疾病等功效。

#### 小贴士

生魔芋有毒，必须煎煮3小时以上才可食用，且每次食量不宜过多。

椒环魔芋

# 剁椒臭豆腐

主料：臭豆腐500克，剁辣椒30克。

辅料：泡椒10克，香油10克，香菜、葱、蒜、食用油适量。

### 制作方法

1. 臭豆腐切成块，装盘备用；香菜、葱洗净，切段；蒜去皮，洗净，切片。
2. 油锅烧锅，下入蒜片、泡椒、剁辣椒、葱段一起翻炒1分钟。
3. 起锅浇盖在臭豆腐上，再上锅蒸约10分钟，出锅后淋上香油即可。

【营养功效】臭豆腐中富含植物性乳酸菌，具有很好的调节肠道及健胃的功效。

### 小贴士

臭豆腐闻着臭、吃着香，是有着丰富文化底蕴的民间休闲小吃。

# 湘式鹅肠

主料：鹅肠400克。

辅料：盐、食用油、料酒、辣椒油、老抽、泡椒汁、红辣椒、蒜苗、野山椒、姜片、葱段各适量。

### 制作方法

1. 将鹅肠洗净，放入沸水锅中汆水后捞出，切段；红辣椒、蒜苗均洗净，斜切成段；野山椒切碎。
2. 锅内放食用油烧热，放入姜片、葱段爆香后捞出，入红辣椒、野山椒炒香，再入鹅肠翻炒。
3. 调入盐、料酒、辣椒油、老抽、泡椒汁炒匀，入蒜苗稍炒后，起锅盛入盘中即可。

【营养功效】蒜苗对心脑血管有一定的保护作用，可预防血栓的形成。

### 小贴士

汆鹅肠时要水多、火大、汆制迅速。

# 农家粉煎肉

主料：猪肋条肉500克，糯米粉25克。

辅料：红曲米粉25克，大料、食用油、料酒、生抽、盐、糖、辣椒油、葱、姜、胡椒粉、豆腐乳、稻草灰各适量。

### 制作方法

1. 锅置火上，加油烧热，下糯米粉、红曲米粉、大料炒香炒酥，倒在案板上，压成细粉。
2. 猪肉切成大片，加胡椒粉、豆腐乳、料酒、生抽、盐、糖、辣椒油、姜、葱汁腌20分钟，拌上炒好的细粉，再放在铁算子上，用稻草灰熏至半熟。
3. 熏好的猪肉放入烧热的煎锅内，至两面发黄、出香、吐油时，盛入盘中，上桌即可。

【营养功效】猪肉性味甘、咸、平，含有丰富的蛋白质、脂肪、碳水化合物、钙、磷、铁等成分。

### 小贴士

猪肉腌制时间要足，否则口感不适。

主料：粉皮200克，酸包菜150克。

辅料：剁辣椒10克，蒜蓉10克，盐2克，酱油5毫升，食用油适量。

**制作方法**

1.粉皮泡发，洗净，再切成小块。

2.酸包菜洗净，切成小块。

3.油锅烧热，下入蒜蓉和剁辣椒爆香，再下入粉皮和酸包菜一起翻炒至熟，加盐和酱油调味，起锅盛入盘中即可。

【营养功效】酸包菜具有开胃健脾、润脏腑、益心力、祛结气、清热止痛等功效。

**小贴士**

　　酸包菜的做法：将包菜剥开洗净，撕成块。淘米水里放适量盐，煮开，倒入容器里（最好是坛子之类的），将包菜放入，密封放置2～3天，等到菜泛黄、有酸味即可。

酸包菜炒粉皮

主料：腊鱼、腊鸭、腊鸡各150克，豆芽100克。

辅料：生抽、辣椒油、香油、青椒、红辣椒、葱、食用油各适量。

**制作方法**

1.腊鱼、腊鸭、腊鸡均用温水洗净，剁成块；豆芽去头、尾，洗净；青椒、红辣椒、葱均洗净，切细丝。

2.将豆芽盛入碗中，摆上腊鱼、腊鸭、腊鸡。

3.锅内入食用油烧热，将热油淋在腊味上，再淋入生抽、辣椒油、香油，放入青椒、红辣椒丝和葱丝。

4.将备好的材料放入锅中蒸约20分钟即可。

【营养功效】此菜具有健脾和胃等功效，但不宜多食。

**小贴士**

　　腊鱼、腊鸭、腊鸡腌制时用盐较多，最好用温水多洗几次。

腊三鲜

主料：大米150克，瘦肉150克。

辅料：鸡蛋2个，葱末、姜末、盐、味精、料酒、淀粉各适量。

**制作方法**

1.大米洗净，浸泡30分钟。

2.瘦肉洗净剁泥，加入葱末、姜末、盐、味精、料酒、水淀粉、蛋清搅拌上劲，挤成若干丸子。

3.煮沸足量清水，加入大米熬至成粥。

4.放入肉丸，沸腾2~3次后肉熟熄火，加盐调味即可。

【营养功效】料酒富含人体需要的8种氨基酸，其中赖氨酸、色氨酸可以产生大脑神经传递物质，有助于改善睡眠和人体脂肪酸的合成。

**小贴士**

　　扬州狮子头和潮州牛肉丸是中国最有名的两种丸子，前者选料讲究"三瘦七肥"，口感丰腴嫩滑；后者则全取瘦肉剁泥，劲道弹牙。

肉丸粥

# 荷香蒸腊肉

主料：腊肉150克。

辅料：荷叶1张，姜、葱各10克，食用油、味精、香油各适量。

**制作方法**

1.腊肉洗净，切片；荷叶洗净摆入碟内，再把腊肉摆在荷叶上；姜切米；葱切花。

2.蒸锅烧开水，放入摆好的腊肉，用中火蒸20分钟拿出。

3.撒上姜米、葱花，烧开油，淋在原料上即成。

【营养功效】腊肉性平，味甘咸，有健脾开胃的疗效。

**小贴士**

腊肉切件要均匀，湖南腊肉较好。

# 口味火焙鱼

主料：火焙鱼100克。

辅料：蒜10克，红辣椒5克，姜10克，葱10克，食用油、盐、味精、红油、香油各适量。

**制作方法**

1.蒜切成米；红辣椒去籽，切米；姜去皮，切米；葱切花。

2.锅内放食用油烧热，待油温90℃时，投入火焙鱼，酥炸至外脆，捞起滴净油。

3.在碗内加入火焙鱼、蒜米、红辣椒米、姜米、葱花，调入盐、味精、红油、香油反复拌匀，摆入碟内即可。

【营养功效】现代一些专家认为，小鱼比大鱼更有营养。

**小贴士**

在酥炸火焙鱼时，火要适中；如果火温过高，易把鱼炸焦。

# 山楂荷叶粥

主料：大米60克。

辅料：荷叶半张，桃仁、山楂、贝母各8克。

**制作方法**

1.大米洗净，浸泡30分钟；荷叶、桃仁、山楂、贝母分别洗净，切碎入锅。

2.煮沸30分钟，去渣取汁，再加入大米以大火煮沸。

3.转小火熬成稀粥即可。

【营养功效】山楂所含解脂酶能促进脂肪类食物的消化，促进胃液分泌和增加胃内酶素；桃仁性平味苦，入肺、肝、大肠经，有破血行瘀、润燥滑肠的功效。

**小贴士**

孕妇、儿童和胃酸分泌过多者不宜食用山楂。

# 油炸臭豆腐

**主料：** 豆腐1000克。

**辅料：** 食用油、辣椒油、青矾、酱油、味精、香油各适量。

## 制作方法

1. 将青矾放入桶内，再倒入沸水搅匀，放入豆腐，浸泡2小时后捞出冷却，放入卤水中，卤killstreak后取出，用冷开水稍洗，装入筛子内沥水。

2. 辣椒油、酱油、香油、味精和少许汤兑成汁。

3. 将油烧热，卤好的豆腐逐块下入油锅，炸约5分钟，成外焦内嫩时捞出；沥油后装入盘中用筷子在每块豆腐中间捅一个眼，将兑好的辣油汁调匀，淋在豆腐眼内即可。

**【营养功效】** 豆腐蛋白质含量丰富，而且豆腐蛋白属完全蛋白，不仅含有人体必需的8种氨基酸，而且比例也接近人体需要，营养价值较高。

## 小贴士

臭豆腐是湖南省传统小吃，具有外焦、内嫩、香辣的独特风味。

# 辣 卤 鸭 肠

**主料：** 鸭肠500克。

**辅料：** 食用油、盐、料酒、生抽、辣椒油、葱姜水、甘草、香叶、桂皮、草果、陈皮、沙姜片、干辣椒、香菜叶各适量。

## 制作方法

1. 鸭肠洗净，加盐、料酒、葱姜水腌制，再放入沸水锅中余水后捞出；甘草、香叶、桂皮、草果、陈皮、沙姜片、干红椒用纱布包好，制成卤料包。

2. 锅内注入高汤烧沸，放入卤料包，调入盐、料酒、生抽、辣椒油拌匀，放入鸭肠卤制。

3. 待鸭肠卤熟后捞出，稍凉后切段，盛入盘中，以香菜叶装饰即可。

**【营养功效】** 草果温脾胃、止呕吐，治脾寒湿、寒痰。

## 小贴士

草果具有特殊浓郁的辛辣香味，能除腥气、增进食欲，是烹调作料中的佳品，被人们誉为食品调味中的"五香之一"。

# 湘味糍粑鱼

**主料：** 草鱼肉400克。

**辅料：** 盐、食用油、糖、胡椒粉、料酒、老抽、香油、姜末、干红辣椒、熟白芝麻各适量。

**制作方法**

1.草鱼肉洗净，切块，加盐、糖、胡椒粉、料酒、老抽、姜末腌制入味后，再将鱼块置于通风处晾至半干；干红辣椒洗净，切段。

2.锅中入食用油烧热，下入鱼块煎至两面金黄时盛出。

3.再热油锅，入干红辣椒炒香，注入少许清水以大火烧开，倒入煎好的鱼块，以小火翻炒鱼块。

4.起锅前以大火收干汤汁，淋入香油，起锅盛入盘中，撒上熟白芝麻即可。

【营养功效】草鱼肉性味甘、温、无毒，有暖胃和中之功效。

**小贴士**

草鱼胆虽可治病，但胆汁有毒，慎用。

# 蒸腊鸭腿

**主料：** 鸭腿1个，菜心150克。

**辅料：** 食用油、料酒、花椒、盐、姜丝、葱丝、香油各适量。

**制作方法**

1.把盐与花椒放锅里小火炒至闻到花椒香味，略磨一下。

2.鸭腿洗净，抹干水，抹上料酒，将一半的花椒盐均匀抹在鸭腿上腌上一晚；把腌出的水倒掉，把剩下的一半盐抹在鸭腿上再腌一晚。

3.将腌好的鸭腿用温水冲洗上面的盐，沥水，挂到通风处吹干，晒上三到五天，待腊鸭出油变得通透时即成腊鸭腿。

4.腊鸭腿用温水泡发，洗净，在表面打上花刀；菜心洗净，下入沸水锅中焯至熟后捞出沥水。将姜丝、葱丝铺在鸭腿上，再淋上香油，放入蒸锅，开大火蒸约20分钟。出锅后与菜心一起装盘即可。

【营养功效】鸭肉有消水肿、止热痢、止咳化痰等作用。

**小贴士**

鸭肉忌与兔肉、杨梅、核桃同吃。

# 冰糖湘莲

**主料**：湘白莲200克。

**辅料**：罐头青豆、罐头樱桃、桂圆肉各25克，鲜菠萝50克，冰糖300克。

### 制作方法

1.莲子去皮、去心，放入碗内加温水150克，上笼蒸至软烂；桂圆肉温水洗净，泡5分钟，滗去水；鲜菠萝去皮，切成丁。

2.炒锅置中火，放入清水500毫升，再放入冰糖煮沸，待冰糖完全融化，端锅离火，用筛子滤去糖渣，再将冰糖水倒回锅内，加青豆、樱桃、桂圆肉、菠萝，上火煮沸。

3.将蒸熟的莲子滗去水，盛入大汤碗内，再将煮沸的冰糖及辅料一起倒入汤碗，莲子浮在上面即可。

**【营养功效】**莲子钙、磷和钾含量非常丰富，还含有多种维生素、微量元素、荷叶碱、金丝草甙等物质，有补脾止泻、益肾涩清、养心安神等功效。

### 小贴士

莲子加温水和纯碱，用毛刷刷洗，刷至表皮时取出，用小竹扦戳入，顶去莲心，再蒸发。

# 红烧莲藕丸

**主料**：嫩莲藕200克。

**辅料**：鸡蛋1个，瘦肉20克，葱、姜各10克，冬菇10克，食用油、盐、味精、糖、淀粉、鸡汤各适量。

### 制作方法

1.嫩莲藕去皮切米；瘦肉切米碎，打成泥；冬菇切成米；姜切成片；葱切段。

2.把莲藕、肉泥、冬菇米拌匀，打至起胶，做成小肉丸。烧锅下油，待油温150℃时，放入莲藕丸，炸至外黄里熟捞起。

3.锅内留油少许，放入姜片、葱段煸香，锅内再投入炸莲藕丸、鸡汤烧开，然后调入盐、味精、糖烧透，最后用湿生粉打芡即成。

**【营养功效】**藕的营养价值很高，富含铁、钙等微量元素，植物蛋白质、维生素、淀粉含量也很丰富，有明显的补益气血、增强人体免疫力作用。

### 小贴士

莲藕打胶要充分，这样做出的丸子才爽口。

# 火宫殿臭豆腐

**主料：**豆腐300克。

**辅料：**食用油、盐、辣椒酱、白醋、香油、青矾、卤水、葱花各适量。

**制作方法**

1. 桶内倒入沸水，放入青矾搅匀，放入水豆腐浸泡2小时后捞出，沥干水分，再放入卤水中浸泡5小时，取出，用冷开水稍微冲洗一遍，沥干水分，豆腐经卤水浸泡后呈黑色的豆腐块。
2. 将盐、辣椒酱、白醋、香油、葱花拌匀，做成味汁。
3. 油锅烧热，放入臭豆腐块炸至焦脆中空时捞出，盛入盘中，搭配味汁食用即可。

**【营养功效】** 臭豆腐可以和脾胃、消胀痛、清热散血、下大肠浊气。常食者能增强体质、健美肌肤。

**小贴士**

　　湖南长沙"火宫殿"的油炸臭豆腐，用小火炸焦后，再将一块一块的豆腐钻孔，灌辣椒油。吃起来辣味十足，臭香浓郁。

# 肉 松 芝 麻 酥

**主料：**低筋面粉300克，黄油220克，牛奶150毫升。

**辅料：**糖50克，油、蛋液、肉松、芝麻各适量。

**制作方法**

1. 取200克黄油切片，排放于保鲜袋内，擀成薄片。
2. 剩余黄油切丁，连同低筋面粉一起揉成光滑小团，加牛奶揉成面团，裹上保鲜膜冷藏松弛20分钟，取出，擀成长度约为黄油片3倍、宽度相等的面皮。
3. 将黄油完全包入面皮之中，擀为长方形，两端分别向中间对折至完全重叠，裹上保鲜膜冷藏松弛20分钟，取出，再次擀平对折，冷藏松弛，重复这个做法2次，最后将面皮擀平，整齐切为数个长方形剂子，分别为每个剂子涂上蛋液，撒上芝麻、肉松，制成坯子。
4. 烤箱预热200℃，放入坯子烤20分钟即可。

**【营养功效】** 肉松富含碳水化合物、叶酸、维生素E、钙、磷、钾、钠、镁等营养素。

**小贴士**

　　肉松是我国著名特产，具有营养丰富、味美可口、方便携带等特点。

# 猪血丸子

主料：猪肉（肥三瘦七）600克，黄豆1200克。

辅料：纯鲜猪血250毫升，辣椒粉20克，盐100克，葱、蒜、食用油适量。

**制作方法**

1.将黄豆加水磨成细浆，制成水豆腐，放入布袋内吊干水分。

2.猪肉洗净，切成细丁，加入盐拌匀。

3.豆腐放入盆内，用手抓成泥状，放盐、鲜猪血拌匀，再放猪肉丁、辣椒粉拌匀，双手蘸上食用油，做成椭圆形团子10个；在竹筛内垫上干净稻草，将做好的团子排列在筛内，晾干。

4.瓦缸内放入木屑点燃，将晾干的团子排放在铁筛上，熏两三天，当颜色呈黄黑色时取出即可。

5.食用时洗净，蒸热，切成片，既可用油爆炒，也可拌上葱、蒜直接食用。

【营养功效】猪血丸子是湖南邵阳地区特产，适宜冬季制作，经熏制后能久存不变质。吃时色泽暗红，味香爽口，略带辣味。

**小贴士**

熏制时要勤翻动，以便颜色一致。

# 酸 辣 三 丝 面

主料：家常挂面150克，猪瘦肉、香菇、黄瓜各100克。

辅料：高汤、食用油、青椒、红辣椒、葱末、姜末、酱油、清醋、红辣椒油、盐、味精、胡椒粉、香油各适量。

**制作方法**

1.猪肉、香菇、黄瓜分别切丝；青椒、红辣椒去籽切丝。

2.铝锅上火加清水，煮沸后下入挂面，煮12分钟至熟，捞出装碗。

3.炒锅上火烧热，下底油，放入肉丝煸炒至断生，再加入葱末、姜末、酱油、味精翻炒入味，出锅盛到面碗里。另起锅，下入高汤煮沸，调好口味即可。

【营养功效】黄瓜尾部含有较多的苦味素，有抗癌作用。香菇多糖，可调节人体内有免疫功能的T细胞活性，可降低甲基胆蒽诱发肿瘤的能力，对癌细胞有强烈的抑制作用。

**小贴士**

黄瓜性凉，脾胃虚弱、腹痛腹泻、肺寒咳嗽者都应少吃。

## 红葱拌螺肉

主料：干红葱头50克，田螺肉130克。

辅料：青椒、红辣椒各5克，姜5克，红油、盐、味精、生抽、香油、料酒各适量。

**制作方法**

1.干红葱头去外皮切片；田螺肉洗净沙；青椒、红辣椒切圈；姜切米。

2.锅内烧水，待水沸时，放入田螺肉、绍酒，用大火快速煮熟，捞起。

3.在碗内加入田螺肉、干红葱头、辣椒圈、姜米，调入红油、盐、味精、生抽、香油拌匀，入碟即可。

**【营养功效】** 田螺肉含有丰富的维生素A、蛋白质、铁和钙。食用田螺对狐臭有显著疗效。

**小贴士**

田螺肉要新鲜，烫时不能烫得过老。

## 松子饼

主料：莲蓉50克，松皮250克。

辅料：松子仁25克，蛋液适量。

**制作方法**

1.将松皮包上莲蓉，捏成塔形后，扫上蛋液。

2.在饼上插上松子仁，放入烤盘内。

3.用温度230℃烤15分钟，收火至150℃时烤10分钟即可。

**【营养功效】**松子含有大量的不饱和脂肪酸，常食可以强身健体，特别对体弱、腰痛、便秘、眩晕、小儿生长发育迟缓者均有作用。

**小贴士**

存放时间长的松子会产生"油哈喇"味，不宜食用。散装的松子最好放在密封的容器里，以防油脂氧化变质。

## 腊味鸭舌

主料：鸭舌350克。

辅料：食用油、盐、糖、料酒、老抽、辣椒油、香油、熟白芝麻各适量。

**制作方法**

1.鸭舌刮洗干净，加盐、糖、料酒、老抽腌制入味后，再晒干。

2.将鸭舌放在火上熏制。

3.将熏好的鸭舌盛入碗中，淋入辣椒油、香油，入锅蒸约20分钟后取出，撒上熟白芝麻即可。

**【营养功效】**芝麻营养丰富，能强身体、抗衰老。

**小贴士**

患有慢性肠炎、便溏腹泻者忌食芝麻。

主料：牛百叶500克。

辅料：食用油、蒜、香菜、盐、红油、香醋、胡椒粉、盐、糖、香油各适量。

**制作方法**

1.将百叶洗净后切成丝；蒜、香菜均洗净，切末。
2.锅中加水烧沸，下入百叶稍微烫一下后捞出，然后放入凉开水中浸泡约10分钟，捞出沥水，装盘。
3.倒入所有调料与百叶一起拌匀即可。

【营养功效】香菜性温味甘，能健胃消食、发汗透疹、利尿通便、驱风解毒。

**小贴士**
牛百叶烫好后再浸入凉水中，这样才脆而弹牙、口感好。

红油百叶

主料：花生、黑芝麻、白芝麻共200克。

辅料：糖200克，熟食用油适量。

**制作方法**

1.烤箱预热150℃，放入花生烤15～20分钟，取出去皮，压碎。
2.锅中下黑、白芝麻炒熟，加花生碎拌匀，起锅待用。
3.锅中倒入糖和清水，大火煮沸，转小火加盖煮至糖浆浓稠、略显淡黄，分次倒入花生、芝麻碎，用筷子轻轻混合拌匀，直至可拉出糖丝为止。
4.在一干净容器内抹油，舀入糖浆，待其冷却，拿出切块即可。

【营养功效】花生含丰富的脂肪和蛋白质，并含有硫胺素、核黄素、尼克酸等多种维生素，矿物质含量也很丰富，有促进脑细胞发育、增强记忆等功能。

**小贴士**
在糖块略温时进行切割，可避免糖块碎散。

花生芝麻糖

主料：花生仁（生）500克，黄芩200克。

辅料：冰糖250克。

**制作方法**

1.花生米用开水泡胀，去皮，洗净后放入开水，上笼蒸烂取出。
2.黄芩切成小片，用碗装上，放入开水，上笼蒸化后过罗筛。
3.锅内放清水1000毫升，下入冰糖煮沸融化，过罗筛；锅洗净，倒入糖水，将花生米浧去水分，和黄芩汁一起倒入，煮沸后撇去浮沫，装入汤盅内即可。

【营养功效】花生纤维组织中的可溶性纤维被人体消化吸收时，会降低有害物质在体内的积存和所产生的毒性，减少肠癌发生的机会。

**小贴士**
花生炒熟或油炸后，性质热燥，不宜多食。

茶络花生米

# 卤汁豆腐干

**主料：** 豆腐150克。

**辅料：** 花椒1克，草果1个，丁香5粒，大料1个，桂皮1片，姜、葱、酱油、鸡精、食用油、糖各适量。

### 制作方法

1. 将花椒、草果、丁香、大料、桂皮、葱和姜装入卤料袋。
2. 锅内烧油，将豆腐放入油锅中炸制发黄起泡，捞出控油。
3. 锅内放清水，加入豆干、卤料袋、酱油、糖一起煮沸后，转小火煮25分钟，煮至豆干表面回软后再用大火改稠卤汁，加入鸡精调味即可。

【营养功效】豆腐营养丰富，是最佳的低胰岛素的特种食品。

### 小贴士

如果用盐水焯一下豆腐，再做菜就不容易碎了。

# 腊味萝卜糕

**主料：** 米粉300克，白萝卜350克。

**辅料：** 澄粉50克，香菇4朵，盐、料酒、食用油、红葱酥各适量。

### 制作方法

1. 白萝卜去皮，切丝；香菇洗净，切丝；将白萝卜和少许香菇一起拌匀，加少许料酒，隔水蒸8分钟；将米粉、澄粉、清水和成米糊待用。
2. 锅中倒食用油烧热，下红葱酥、香菇丝炒香，起锅待用。
3. 原锅倒食用油烧热，下白萝卜丝炒至透明，再下红葱酥、香菇同炒，加盐调匀，再倒入米糊拌炒至黏稠状。
4. 将米糊倒入模具中，把模具置于蒸笼蒸60分钟，放凉后切片食用即可。

【营养功效】白萝卜营养丰富，维生素C的含量高于苹果、橘子、梨等5~8倍，故又称它为"维他命萝卜"。

### 小贴士

将米糊倒入模具前，可先在模具底部涂上一层食用油，方便冷却后取出。

# 南瓜饼

**主料：** 水磨糯米粉、南瓜各300克。

**辅料：** 糖100克，食用油80毫升。

### 制作方法

1. 南瓜洗净去皮，切片煮熟。
2. 将煮熟的南瓜片捣成南瓜泥，加入适量糖拌匀。
3. 按照1:1的比例，将糯米粉慢慢加入南瓜泥中（如太干可加入适量清水），将南瓜面团揉至不黏，然后分为若干小块，揉圆拍扁，制成饼坯。
4. 锅内倒入食用油烧热，以中小火将南瓜饼煎至两面金黄即可。

【营养功效】南瓜含有淀粉蛋白质、胡萝卜素、维生素B、维生素C和钙、磷等成分，具有润肺益气、驱虫解毒、利尿、美容等作用。

### 小贴士

用来油炸的油最好是新油，这样炸出来的金瓜饼才会香脆。

**主料**：糯米750克，葵花籽200克。

**辅料**：糖、食用油各适量。

**制作方法**

1.将糯米用清水浸泡一夜，蒸熟晾凉，加糖捣成泥。

2.把糯米泥放入长方形容器中，压实，放入冰箱冰冻30分钟取出，在表面撒上葵花籽，用手按压，使得葵花籽能充分沾住糍粑。

3.将黏住葵花籽的糍粑切成小块，再逐块下入油锅中，炸制成金黄色取出即可。

【营养功效】葵花籽含脂肪达50%，其中主要为不饱和脂肪，而且不含胆固醇；亚油酸含量可达70%，有助于降低人体的血液胆固醇水平，有益于保护心血管健康。

**小贴士**

患有肝炎的病人应少食葵花籽，因为它会损伤肝脏，引起肝硬化。

葵花糍粑

**主料**：燕窝15克，银耳20克。

**辅料**：冰糖10克。

**制作方法**

1.燕窝用清水浸透；银耳洗净浸透，切碎。

2.取一个炖盅，放入燕窝、银耳用中火炖2小时。

3.冰糖放入炖盅内再炖半个小时即成。

【营养功效】燕窝中含有丰富的矿物质、活性蛋白质与胶原质等营养，其中的表皮生长因子和水提物质能够强烈刺激细胞再生、分裂和组织重建。

**小贴士**

涨发燕窝时，水一定要保持干净，要避免沾染油腻，否则容易溶解。

燕窝银耳羹

**主料**：皮蛋4个。

**辅料**：姜、盐、食用油、生抽、陈醋、香油各适量。

**制作方法**

1.皮蛋去壳，切瓣，摆入盘中。

2.姜去皮，洗净，切细末，放入碗中，调入盐、生抽、陈醋、香油拌匀，做成姜汁。

3.食用时，将姜汁浇在皮蛋上即可。

【营养功效】皮蛋味辛、涩、甘、咸，具有泻热、醒酒、去大肠火、治泻痢等功效，可治眼疼、牙疼。

**小贴士**

将蛋放在手中，向上轻轻抛起，连抛几次，若感觉有弹性颤动感，并且较沉重者为好蛋，反之为劣质蛋。

姜汁松花蛋

洪
江
鸭
血
粑

**主料**：嫩仔鸭1只，糯米500克。

**辅料**：红辣椒、食用油、盐、味精、料酒、甜酱、红油、香油、仔姜片、干辣椒、葱各适量。

**制作方法**

1.糯米洗净，温水浸泡1~2小时；红辣椒切块待用。
2.鸭宰杀，将鸭血淋在沥干水的糯米上，净鸭斩成块待用。
3.拌匀鸭血的糯米上笼蒸熟，压成条，下入五成热油锅中炸黄沥出，放凉后切厚片。
4.锅中放食用油烧热，下鸭块煸炒至肉将离骨时，烹料酒，加盐、甜酱、仔姜片、红辣椒块、干辣椒节、水，放入鸭血粑焖至入味，淋红油、香油盛入碗内，撒葱花即可。

**【营养功效】**鸭血中含有丰富的蛋白质及多种人体不能合成的氨基酸，所含的红细胞素含量也较高，有利于人体造血。

**小贴士**

　糯米要泡软蒸熟，以免食用时影响口感。

绿
豆
沙

**主料**：绿豆2500克。

**辅料**：绵白糖1500克。

**制作方法**

1.将绿豆洗净，锅内加清水5000毫升，倒入绿豆煮至六成熟，锅离火冷却，搓擦去皮，倒入篾制密筛内，带水将绿豆皮全部擦掉。
2.铝锅内加清水7500毫升，倒入绿豆煮沸，换小火煮烂，然后倒入白细布袋内放入盆中，稍冷后挤出豆汁。
3.铝锅置小火上，倒入豆沙煮沸，加入绵白糖并用手勺推动，待糖融化后，离火舀入碗中即可。

**【营养功效】**绿豆沙色泽浅绿，汁中带沙，甜醇清润，解热止渴，是夏季佳品，以冷食为佳。

**小贴士**

　煮绿豆要用铝锅或钢精锅，不宜用炒锅，以免影响豆沙颜色；沸水煮豆沙时，边倒入豆沙边搅拌，以免糊底。

冰
糖
玉
米
羹

**主料**：玉米（鲜）400克。

**辅料**：菠萝25克，枸杞子25克，荷兰豆25克，冰糖250克，淀粉适量。

**制作方法**

1.将鲜嫩玉米洗一遍，放入适量的开水，上笼蒸1小时取出。
2.菠萝切同玉米大小一样的颗；枸杞用水泡发。
3.用一净锅放入1000毫升水和冰糖煮沸融化，过罗筛，锅洗净，将糖水复倒入锅内，放入玉米籽、枸杞、菠萝、荷兰豆煮沸，用水淀粉调稀勾芡，装碗即可。

**【营养功效】**玉米含有的黄体素、玉米黄质可以对抗眼睛老化，此外，多吃玉米还能抑制抗癌药物对人体的副作用，刺激大脑细胞，增强人的脑力和记忆力。

**小贴士**

　玉米忌和田螺同食，否则会中毒；尽量避免与牡蛎同食，否则会阻碍锌的吸收。

主料：小鱼350克。

辅料：盐、辣椒油、熟白芝麻、食用油各适量。

**制作方法**

1.小鱼洗净，沥水。

2.锅置大火上烧热，刷上一层食用油，放入小鱼腊干烤熟定型。在放小鱼的时候应先放边上再放中间，并移动锅子以免将其烤煳，全部放完后改小火腊制。

3.将腊好的小鱼放在架子上摊开，以木炭、米糠等熏至小鱼色泽金黄、水分全无。

4.锅内入食用油烧热，放入小鱼，调入盐、辣椒油翻炒均匀，起锅盛入盘中，撒熟白芝麻即可。

【营养功效】芝麻中含有丰富的维生素E，能防止过氧化脂质对皮肤的危害，抵消或中和细胞内有害物质游离基的积聚。

**小贴士**

腊制好的小鱼要等完全晾凉，再用锅铲小心铲出。

浏阳火培鱼

---

主料：大米100克。

辅料：核桃15克。

**制作方法**

1.大米洗净，浸泡30分钟；核桃仁洗净，捣碎待用。

2.锅中注入适量清水，加入大米、核桃，以大火煮沸。

3.转小火慢熬20～30分钟，煮至米粥烂熟即可。

【营养功效】核桃含有蛋白质、脂肪油、碳水化合物、维生素$B_2$，其中脂肪油的主要成分是亚油酸、油酸、亚麻酸的甘油酯。常食此粥可补肾助阳、补肺敛肺。

**小贴士**

核桃与扁桃、腰果、榛子一起并列为世界四大坚果，有"万岁子"、"长寿果"、"养人之宝"之称。

核桃仁粥

---

主料：大米100克。

辅料：红枣50克，枸杞子15克，糖适量。

**制作方法**

1.大米洗净，浸泡30分钟。

2.锅中注入适量清水，加入大米、枸杞子、红枣煲至浓稠。

3.加入糖调匀即可。

【营养功效】红枣维生素的含量非常丰富，长期吃红枣的病人，健康恢复比单纯吃维生素药剂快3倍以上，这令红枣有"天然维生素丸"的美誉。

**小贴士**

中国种植红枣的历史至少已有8000年以上。

红枣枸杞粥

# 酱 板 鸭

**主料：**鸭子1300克。

**辅料：**盐100克，啤酒220毫升，生抽、冰糖、干辣椒、花椒、香料包（大料、桂皮、茴香、陈皮、砂仁、豆蔻、荜菝、白芷、香叶、甘草、罗汉果）、红曲米、香油、味精、姜片、葱段、料酒、玫瑰露酒、食用油适量。

**制作方法**

1.鸭子治净，去鸭掌、内脏，洗净；把鸭身展开，反扣于案板上，用重物压扁。取一盆，放盐、料酒、玫瑰露酒、姜片、葱段、干辣椒、花椒、清水拌匀，将鸭放入盆中，浸泡至入味后捞出，沥水，挂入烤炉中，以中火烤至鸭子表皮酥黄（六成熟），取出。红曲米装入纱布袋中。

2.锅置火上，入油烧热，入姜片、葱段爆香，注入适量清水，放入香料包和红曲米包，调入盐、味精、料酒、啤酒、生抽、冰糖，用大火烧沸后，撇净浮沫，放入鸭子，转用小火将鸭子慢卤至熟，捞出。

3.捞出卤汁中的姜片、葱段、香料包和红曲米包，以大火将卤汁收浓，再将卤汁均匀地往鸭身淋一遍，冷却后刷上香油即成酱板鸭，剁成条块，装盘还原成鸭形即可。

【营养功效】酱板鸭具有活血、顺气、健脾、养胃、美容等功效。

**小贴士**

湖南灵峰香辣酱板鸭是湖南一名菜。

# 湘 卤 拼 盘

**主料：**牛肚、牛舌、鸭掌各200克。

**辅料：**食用油、盐、冰糖、料酒、辣椒酱、老抽、陈醋、葱段、蒜、姜片、干红辣椒、丁香、茴香、草果、豆蔻、陈皮、香叶、甘草、桂皮、罗汉果各适量。

**制作方法**

1.将葱段、蒜、姜片、干红辣椒、丁香、茴香、草果、豆蔻、陈皮、香叶、甘草、桂皮、罗汉果用纱布包好，制成卤料包；将盐、辣椒酱、老抽、陈醋调匀成味汁备用。

2.锅置大火上，注入清水烧沸，放入卤料包、盐、冰糖、料酒、老抽熬制成卤水。

3.牛肚、牛舌、鸭掌均洗净，放沸水锅中氽水后捞出，再放入卤水中以小火浸煮1小时后捞出。

4.将卤好的材料改刀摆入盘中，随味汁上桌即可。

【营养功效】此小吃具有清热润肺、止咳、利咽、滑肠通便等功效。

**小贴士**

购买罗汉果时，应该挑选个大形圆、色泽黄褐、摇不响、壳不破、不焦、味甜而不苦者。

# 肠 旺 面

**主料：**鸡蛋面90克，猪大肠50克，豆腐250克，猪肋条肉250克。

**辅料：**血旺25克，绿豆芽15克，红油、糍粑、辣椒、豆腐乳、醋、味精、甜酒酿、胡椒粉、蒜泥、姜末、葱花、高汤各适量。

### 制作方法

1.猪大肠洗净去味，入锅煮至半熟，捞出切块；猪肉洗净，入锅煮熟，捞出切丁；豆腐切丁，放入盐水浸泡片刻，沥干待用。

2.锅内放食用油烧热，放入猪肉丁炒至出油，加入醋和甜酒酿，将肉丁炸成脆哨，出锅待用；原锅加入豆腐丁，炸成泡哨，最后倒入脆哨、糍粑、辣椒炒出香味，加入姜末、蒜泥、豆腐乳及适量清水煮沸，滤出红油待用。

3.开锅煮面，熟后捞出盛碗；绿豆芽、血旺片分别用煮面水焯熟。

4.将猪大肠、脆哨、豆腐泡哨、血旺放入面碗，舀入高汤、红油、味精、葱花即可。

【营养功效】血旺含有的血浆蛋白具有排毒作用。

### 小贴士

肠旺面是贵州和湘西一代极负盛名的风味小吃。

# 凉 拌 面

**主料：**湿面条300克，豆芽菜50克。

**辅料：**豆腐乳汁20克，芝麻酱、蒜、香醋、酱油、辣椒油、香油各适量。

### 制作方法

1.锅内加清水煮沸，放入面条煮熟，随即加少量冷水挑入碗内，加香油，挑散拌匀，放凉。

2.芝麻酱、豆腐乳汁分别加冷开水调匀，用布滤去渣，小火上煮沸，盛入碗内。

3.蒜去皮，捣成蒜泥，加入香醋调匀；豆芽菜择去根须，洗净后放入开水内焯熟，盛入盘内，淋香油拌匀；酱油加入冷开水拌匀，盛入碗内。

4.芝麻酱、豆腐乳汁、酱油、辣椒油、蒜泥分别放入面条上，再放上豆芽菜即可。

【营养功效】芝麻酱中含钙量比蔬菜和豆类都高得多，仅次于虾皮，经常食用对骨骼、牙齿的发育都大有益处。

### 小贴士

芝麻酱忌与菠菜等蔬菜同食，否则与蔬菜中的草酸或可溶性草酸盐发生复分解反应生成草酸钙沉淀，影响钙的吸收。

# 龙 脂 猪 血

**主料：** 鲜猪血500克，排冬菜25克，榨菜25克。

**辅料：** 白胡椒粉、酱油、味精、葱花、盐、猪骨清汤、食用油、香油各适量。

### 制作方法

1. 取方形平底木盘一个，先放入温水1500毫升，加盐25克，将生猪血放入盘内搅匀，待凝固后用篾片划成片，放入沸水锅中煮2分钟，待猪血熟后立即捞出，放入盆内，用清水浸泡（夏季要用沸水泡）。
2. 锅内加猪骨清汤煮沸，再将熟猪血片倒入煮沸。
3. 榨菜、排冬菜洗净，切成细末，加盐、酱油、食用油（熟）、味精分别放入10只碗内，将猪血片连汤舀入碗中，淋上香油，撒葱花、白胡椒即可。

【营养功效】猪血中的血浆蛋白被人体内的胃酸分解后，产生一种解毒、清肠分解物，能够与侵入人体内的粉尘、有害金属微粒发生反应，易于将毒素排出体外。

### 小贴士

烹饪猪血时要用大火，可加少许料酒去腥。

# 米 酒 鸭

**主料：** 鸭400克，莴笋100克。

**辅料：** 食用油、盐、糖、米酒、老抽、白醋、香油、干辣椒、大料、桂皮、姜片、葱段、红辣椒片各适量。

### 制作方法

1. 鸭洗净，剁成块，放入加有米酒的沸水锅中焯水后捞出，沥干水分；莴笋去皮，洗净，切小块；大料、桂皮、干辣椒用纱布包好，制成香料包。
2. 锅内入食用油烧热，入姜片、葱段爆香后捞出，随后放入鸭块翻炒，加适量清水，放入香料包，调入盐、糖、米酒、老抽、白醋，盖上锅盖，以大火煮沸后，改用小火烧约40分钟。
3. 加入莴笋、红辣椒片，煮15分钟，至鸭块熟透入味、汤汁收干时淋入香油，起锅盛入盘中即可。

【营养功效】常吃莴笋可增强胃液和消化液的分泌，增进胆汁的分泌。

### 小贴士

莴笋怕咸，盐要少放才好吃。视力弱者、有眼疾特别是夜盲症的人少食。

# 香辣鸭下巴

**主料：** 鸭下巴500克，洋葱80克，花生仁40克。

**辅料：** 食用油、盐、白醋、辣椒油、老抽、料酒、香油、干辣椒、姜、香菜各适量。

## 制作方法

1.鸭下巴洗净，加盐、料酒腌制；洋葱洗净，切片；干辣椒洗净，切小段；姜去皮，洗净，切片；香菜洗净，切段；花生仁浸泡，去皮，洗净，入油锅炸至香脆后捞出。

2.锅入食用油烧热，放入鸭下巴炸至焦黄色时捞出。

3.锅内留油烧热，入干红辣椒、姜片、洋葱炒香，倒入鸭下巴，注入适量高汤，调入盐、白醋、辣椒油、老抽焖煮片刻，加入花生仁，淋入香油，起锅撒上香菜即可。

【营养功效】洋葱营养丰富且气味辛辣，能刺激胃、肠及消化腺分泌、增进食欲、促进消化。

**小贴士**

鸭下巴腌制的时间要长一点才能入味。

# 常德鸭钵子

**主料：** 鸭700克。

**辅料：** 食用油、盐、糖、老抽、白醋、辣椒油、料酒、香油、青椒、红辣椒、蒜苗、蒜、桂皮、大料、香叶各适量。

## 制作方法

1.鸭洗净，剁成块，加盐、料酒腌制；青椒、红辣椒均洗净，切小段；蒜苗洗净，切段；蒜去皮洗净；桂皮、大料、香叶用纱布包好，制成香料包。

2.油锅烧热，入鸭块翻炒片刻后盛出。

3.再热油锅，入青椒、红辣椒、蒜炒出香味后盛出。

4.另起一锅，注入适量清水烧开，放入香料包，加入鸭块，调入盐、糖、老抽、白醋、辣椒油拌匀，再改小火煮约30分钟后，取出香料包，放入炒好的青椒、红辣椒、蒜同煮。

5.待煮至鸭块熟透入味时，淋入香油，起锅盛入钵仔中，撒上蒜苗段即可。

【营养功效】鸭肉味甘、咸，性微凉，有补阴益血、清虚热、利水等功效。

**小贴士**

"常德钵子菜"，是湘菜代表之一，特点是用火烧锅，以水（汤）导热来煮（涮）食物。

# 冻羊糕

**主料：** 羊肉500克，猪蹄500克。

**辅料：** 香菜100克，桂皮15克，干红辣椒、酱油、盐、料酒、味精、香油、葱、姜各适量。

## 制作方法

1. 羊肉烙净残存的毛，用温水泡上，刮洗干净后剁成块，下入冷水锅煮至八成熟，捞出洗净。
2. 猪蹄泡入温水内，刮洗干净，剁成块，下入冷水锅煮沸，捞出洗净，连同羊肉一起放入垫有竹箅的钵中，加水、桂皮、干红辣椒、拍破的葱、料酒、盐、酱油，盖上盖，大火煮沸，换小火煨烂透捞出，去葱、姜、干辣椒、桂皮，拆净骨、皮和肉掰成小块。
3. 锅置火上，倒入原汤，放小块羊肉和猪蹄，煮沸后再熬10分钟，撇净浮油，加味精调味，装瓷盘，冻上。
4. 食用时，切成小象眼块，摆盘淋香油，拼上香菜即可。

**【营养功效】** 羊肉能增加消化酶，保护胃壁，修复胃粘膜，帮助脾胃消化，起到抗衰老的作用。

## 小贴士

羊肉切丝之前应先剔除膜，否则炒熟后肉膜硬，吃起来难以下咽。

# 糯米鸡

**主料：** 糯米500克，鲜猪肉100克。

**辅料：** 面粉200克，盐、食用油、胡椒粉、酱油、姜末、味精、葱各适量。

## 制作方法

1. 将糯米用清水洗净，放入盆内加水浸泡，捞出冲洗干净，入笼蒸熟；猪肉洗净，切成黄豆大的丁；面粉放入盆内，加盐、清水调成面糊。
2. 锅内加食用油大火烧热，放入姜末煸炒，再放入猪肉丁炒至断生出油，加盐、酱油、葱花、胡椒粉、味精炒3分钟，炒匀盛入盆内，倒入熟糯米饭拌匀，搓成每个重约50克的糯米块，放在案板上。
3. 锅内放食用油大火烧至八成热，放入挂有面糊的糯米块，炸至糯米鸡呈金黄色时，捞出沥油即可。

**【营养功效】** 糯米鸡营养丰富，色泽金黄，形似圆形刺球，外脆内鲜嫩。

## 小贴士

糯米要浸泡6小时，入笼蒸前要冲洗净酸水，蒸至熟烂为佳。

# 桃 酥

**主料：**熟富强粉500克，熟芝麻、熟花生各60克，鸡蛋1个。

**辅料：**糖粉400克，猪油150毫升，小苏打20克，发粉50克。

**制作方法**

1. 熟花生去衣，与熟芝麻一起磨成碎。
2. 将面粉、花生碎、芝麻碎拌匀过筛，再加入糖粉、鲜蛋、猪油、小苏打、发粉、清水揉成松散面团，分为若干剂子，分别搓圆压扁，制成桃酥坯。
3. 烤箱预热150℃，放入桃酥坯，烤至表面金黄即可。

【营养功效】芝麻中含有丰富的维生素E，能防止过氧化脂质对皮肤的危害，抵销或中和细胞内有害物质游离基的积聚，可使皮肤白皙润泽，并能防止各种皮肤炎症。

**小贴士**

面团不宜过干或过湿。过干，粉粒间黏结力弱，烘焙时不能包裹住疏松剂释放的气体，成品僵小而难于成形；过湿，坯料与模板黏结，在烘焙时易变形，难以保持成品的表面光洁与花纹清晰。

# 香汁烧鱼皮

**主料：**水发鱼皮300克，姜、葱各10克，香蒜杆10克。

**辅料：**食用油、清汤50各毫升，胡椒粉少许，盐、味精、香油、料酒、蚝油各适量。

**制作方法**

1. 鱼皮切成段；姜切米；葱切花；香蒜杆切米。
2. 鱼皮用开水煮透，加入料酒煮5分钟，捞起。
3. 烧锅下食用油，放入姜片煸炒，注入清汤、鱼皮、盐、味精、胡椒粉、蚝油，用小火同烧至香浓时，撒入香蒜杆米、葱花即可。

【营养功效】鱼皮富含胶质成分，对增强上皮组织的完整生长和促进胶原细胞的合成有重要作用。

**小贴士**

鱼皮用青鱼皮较好，火煮时间要够。

图书在版编目（CIP）数据

湘菜1688例 / 犀文图书编写. — 南京：江苏科学技
术出版社，2012.4
　ISBN 978-7-5345-9218-8

　Ⅰ. ①湘… Ⅱ. ①犀… Ⅲ. ①湘菜－菜谱 Ⅳ.
①TS972.182.64

　中国版本图书馆CIP数据核字(2012)第035033号

**湘菜1688例**

| | | |
|---|---|---|
| 策划·编写 | 犀文圖書 | |
| 责任编辑 | 樊　明　　葛　昀 | |
| 责任校对 | 郝慧华 | |
| 责任监制 | 曹叶平　　周雅婷 | |

| | |
|---|---|
| 出版发行 | 凤凰出版传媒集团 |
| | 凤凰出版传媒股份有限公司 |
| | 江苏科学技术出版社 |
| 集团地址 | 南京市湖南路1号A楼，邮编：210009 |
| 集团网址 | http://www.ppm.cn |
| 出版社地址 | 南京市湖南路1号A楼，邮编：210009 |
| 出版社网址 | http://www.pspress.cn |
| 经　　销 | 凤凰出版传媒股份有限公司 |
| 印　　刷 | 广州汉鼎印务有限公司 |

| | |
|---|---|
| 开　　本 | 710mm×990mm　1/16 |
| 印　　张 | 12 |
| 字　　数 | 120000 |
| 版　　次 | 2012年4月第1版 |
| 印　　次 | 2012年4月第1次印刷 |

| | |
|---|---|
| 标准书号 | ISBN 978-7-5345-9218-8 |
| 定　　价 | 19.90元 |

图书如有印装质量问题，可随时向印刷厂调换。